영재성검사·창의적 문제해결력 평가 대비

이 책을 펴내며

영재교육의 양적 확대를 넘어 질적 도약을 위하여 내실화 방안에 더욱 중점을 두었던 '제3차 영재교육진흥종합계획(2013~2017)'이 2017년에 마무리됨에 따라, 교육부는 2018년 빠르게 변화되고 있는 산업구조에 대응하기 위한 '제4차 영재교육진흥종합계획(2018~2022)'을 발표하였다. 제4차 영재교육진흥종합계획은 인공지능(AI), 사물인터넷(IOT), 클라우드(Cloud), 빅데이터(Big Data), 무선통신(Mobile) 등의 지능정보기술을 통하여 4차 산업혁명에 대응하기 위한 영재교육 시스템을 마련하고 새로운 영재교육 비전과 국가의 미래를 견인할 창의·융합형 인재 양성을 위한 영재교육의 혁신에 그 초점을 두고 있다.

빅데이터와 정보통신기술(ICT) 기술 등의 4차 산업혁명의 도래로 인해 교육환경에도 많은 변화가 예견되는데, 특히 이러한 교육환경의 대비를 위해서는 수학·과학에 중점을 둔 융합적 사고력(MS-STEAM Thinking)이 요구된다. 융합사고 능력은 직관적 통찰 능력, 정보의 조직화 능력, 공간화 및 시각화 능력, 수·과학적 추상화 능력, 수·과학적 추론 능력과 일반화 및 적용 능력의 다양한 문제해결 능력과 그 반성적 사고를 필요로 한다.

본 교재는 융합사고 능력을 높일 수 있는 학습을 위하여 사회와 자연현상, 인구, 공해, 범죄, 환경, 인간의 생활 등에서 나타나는 다양한 주제들을 가지고 교과 영역 간을 연계한 교과 연합의 융합사고력(다학문적 융합사고) 문제들을 다루며, 동시에 다양한 내용의 탈교과적 주제 속에서 문제를 발견하고, 탐구과정을 통한 문제해결 능력을 향상시키는 교과 초월 융합사고력(탈학문적 융합사고) 문제들을 다루고 있다. 본 교재를 통하여 융합사고 능력의 향상에 도움이 되었으면 한다.

한국영재교육학회 이사
전) 연세대학교 미래융합연구원 공학계열 교수 김단영

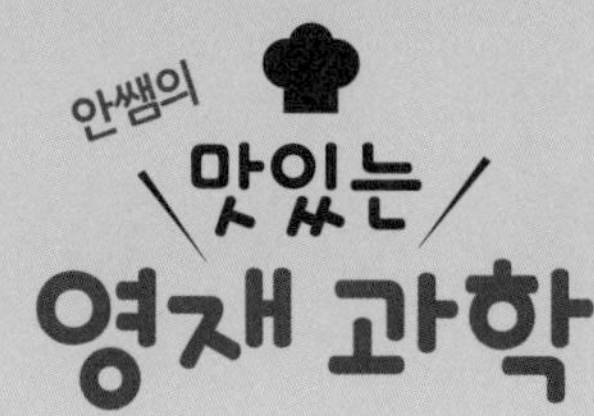

최근 영재교육원 선발 시험인 〈창의적 문제해결력 평가〉는 정규 교과 과정 범위 내에서 출제하는 것이 원칙이지만 여기에 심화 개념을 더하고, 실생활에 응용되거나 창의적인 사고를 요구하는 문제들이 〈창의적 문제해결력 평가〉 과학 영역에서 출제된다.

창의사고력 유형은 교과 과정과 직접적으로 연관이 되는 주제에 대해서 답을 서술하거나 3가지, 5가지, 10가지 쓰는 형식의 유창성, 융통성을 평가하는 문제들은 〈창의적 문제해결력 평가〉에서 가장 빈번하게 출제 유형이다.

예 돌하르방에 사용된 암석의 특징을 5가지 쓰시오.
공기가 공간을 차지하고 있다는 것을 알 수 있는 예를 10가지 쓰시오.
동물, 식물, 물체 등을 기준에 따라 3~5가지로 분류하시오.

과학 관련 이슈는 과학에 대한 관심도와 과학 독서 등이 없으면 해결이 쉽지 않은 문제들이다. 시험이 있는 해를 기준으로 1~2년 이내의 과학과 관련된 이슈들에 대한 관심이 필요하다.

예 태평양의 플라스틱 쓰레기 섬 문제, 해양 미세플라스틱, 황사(마스크)

실생활 응용 유형(적정기술)은 과학의 실생활 응용 사례 문제는 과학적인 창의성을 평가하기 좋은 문제이기 때문에 팟인팟이나 와카워터, 라이프스트로우 등과 같은 〈적정기술〉 관련 문제들도 자주 출제되었고, 특히 대학부설 영재교육원에서 출제 빈도가 높았다.

본 교재에는 출제 빈도가 높은 교과 관련 창의사고력 문제와 최근 5년간 영재교육원 기출문제들 위주로 수록하였다. 새롭게 만든 문제들도 〈창의적 문제해결력 평가〉 유형으로 영재교육원 준비하는 학생들에게 많은 도움이 될 거라 생각한다.

창의적 사고를 위한 요소

발산적 사고(Divergent Thinking)의 유형

발산적 사고는 기존의 지식에서 벗어나 자유롭게 새로운 아이디어를 생각해 내는 것이다.

☆ **유창성** : 주어진 문제의 해결 방안을 얼마나 많이 찾아내는가?

특정한 문제 상황이나 주제에 대해 주어진 시간 안에 많은 양의 아이디어나 해결책을 만드는 능력

Q 우리의 생활이나 산업에서 로봇을 활용할 수 있는 용도를 가능한 많이 쓰시오.

☆ **융통성** : 한 가지 문제에 얼마나 다양하게 접근하는가?

어떤 문제를 해결하거나 아이디어를 낼 때 한 가지 방법에 집착하지 않고, 여러 가지 방법으로 접근하여 해결하려고 하는 능력

Q 영재는 산에 올라가면 기압이 낮아서 밥이 잘 안 된다고 배웠습니다. 산에 올라가면 기압이 낮아지고 밥이 잘 안 되는 이유는 무엇인가요? 산에서 밥이 잘 되게 하려면 어떻게 해야 할까요?

☆ **독창성** : 얼마나 새로운 방법으로 문제를 해결하는가?

기존의 사고에서 탈피하여 희귀하고 참신하며 독특한 아이디어나 해결책을 생각하는 능력

Q 손과 발을 쓰지 않고 냉장고 문을 열 수 있는 방법을 쓰시오.

☆ **정교성** : 문제를 얼마나 정확히 이해하고 정교하게 해결하는가?

주어진 문제를 자세히 검토하여 문제에 포함된 의미를 명확하게 파악하고, 부족한 부분을 찾아 보완하고 정교하게 다듬는 능력

Q 사람이 더 편하게 살 수 있는 집을 설계한 후 각 부분의 필요성을 쓰고, 더 보완해야 할 부분을 생각하여 쓰시오.

수렴적 사고(Convergent Thinking)의 유형

수렴적 사고는 주어진 정보들을 비교, 분석, 선택하여 가장 효율적인 해결책을 찾는 것이다. 일반적으로 수렴적 사고는 창의성과 관련이 없는 것으로 여겨지기도 한다. 그러나 사실상 발산적 사고를 통해 생성된 아이디어들 중에서 최선의 답을 선택하기 위해서는 수렴적 사고가 요구되기 때문에 수렴적 사고는 발산적 사고와 함께 창의적 산출물 생성 과정에 꼭 필요한 과정으로 평가된다.

☆ **정합성** : 개념과 지식들이 논리적이고 합리적이며 일관성 있게 연결되어 모순이 없다.

☆ **통합성** : 구조를 이루고 있는 구성물들의 수가 많을수록 통합적이다.

☆ **단순성** : 하나의 커다란 구조로 묶이면서 그 구조 속에 질서가 있어 복잡하지 않다.

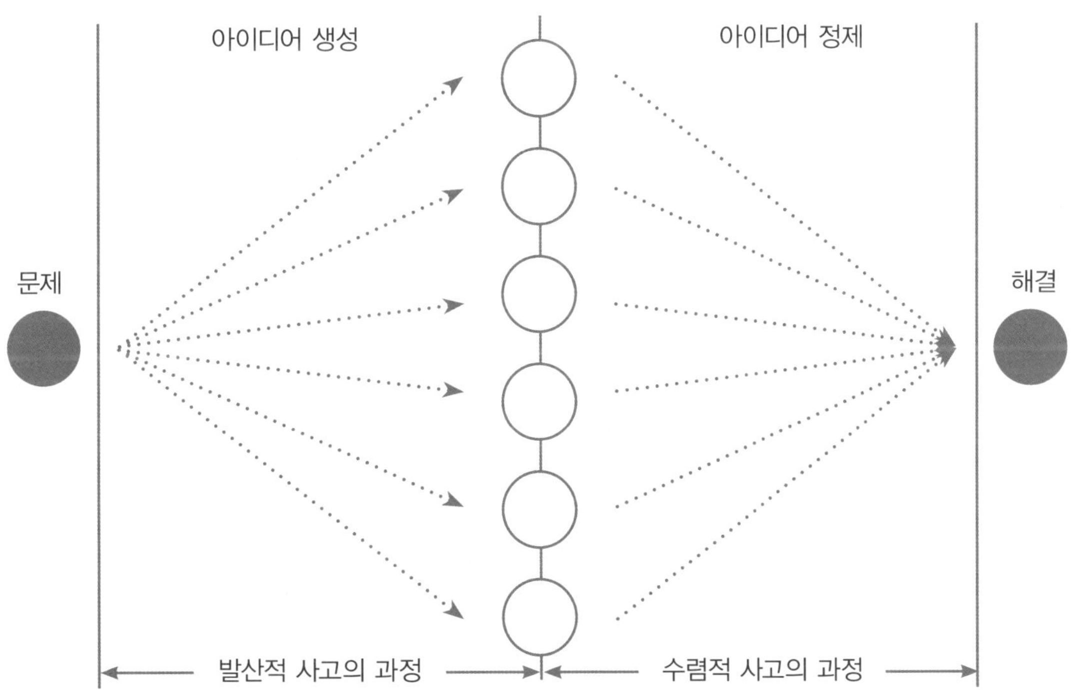

구성과 특징

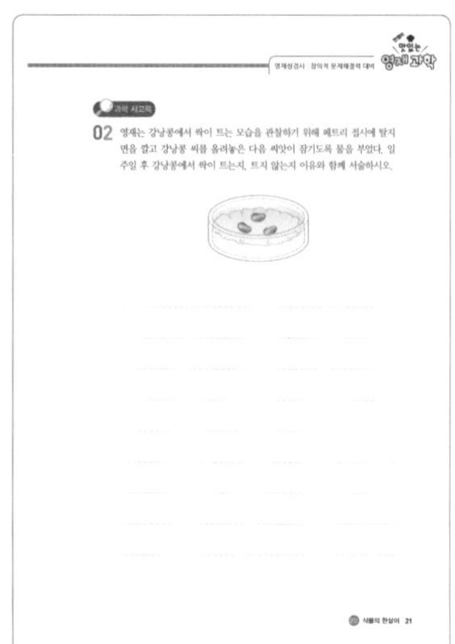

일반 창의성

영재성검사, 창의적 문제해결력 평가에서 출제되고 있는 일반 창의성 문제 유형입니다. 유창성, 융통성, 독창성으로 주로 평가하는 문제 유형이지만, 수학 또는 과학 개념을 활용한 답안으로 독창성 점수를 받을 수 있습니다. 기출 문제로 연습을 할 수 있도록 구성하였습니다.

과학 사고력

영재성검사, 창의적 문제해결력 평가, 창의탐구력 검사에 출제되는 문제 유형입니다. 개념 이해력을 평가할 수 있는 교과 개념과 관련된 사고력 문제 유형과 탐구 능력을 평가할 수 있는 실험과 관련된 탐구력 문제 유형으로 구성하였습니다.

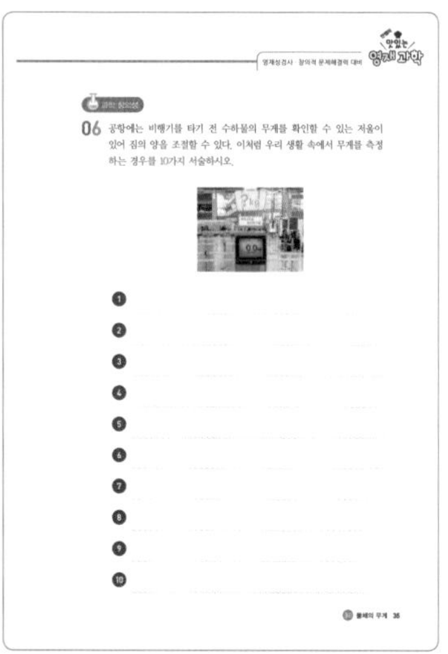

과학 창의성

영재성검사, 창의적 문제해결력 평가에 출제되는 문제 유형입니다. 창의성 평가 요소 중 유창성과 독창성 및 융통성을 평가할 수 있는 창의성 문제 유형으로 구성하였습니다. 유창성은 원활하고 민첩하게 사고하여 많은 양의 산출 결과를 내는 능력으로, 제한 시간 안에 의미 있는 아이디어를 많이 쏟아내야 합니다. 독창성은 새롭고 독특한 아이디어를 산출해 내는 능력으로, 유창성 점수를 받은 아이디어 중 특이하고 새로운 방식의 아이디어인 경우 추가로 점수를 받을 수 있습니다. 융통성은 아이디어의 범주의 수를 의미하며, 다양한 각도에서 생각해야 합니다.

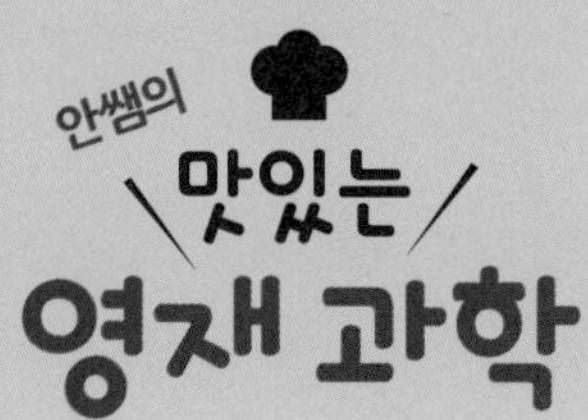

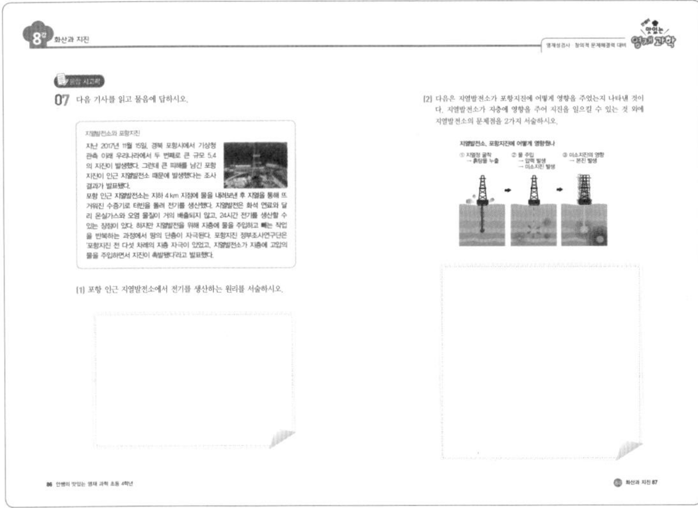

융합사고력

창의적 문제해결력 평가와 한국과학창의력대회에 출제되는 신유형의 융합사고력 문제입니다. 융합사고력 문제는 단계적 문제 유형이며, 첫 번째 문제로 문제 이해력을 평가하고, 두 번째 문제로 실생활과 연관된 문제 해결력을 평가할 수 있도록 구성하였습니다.

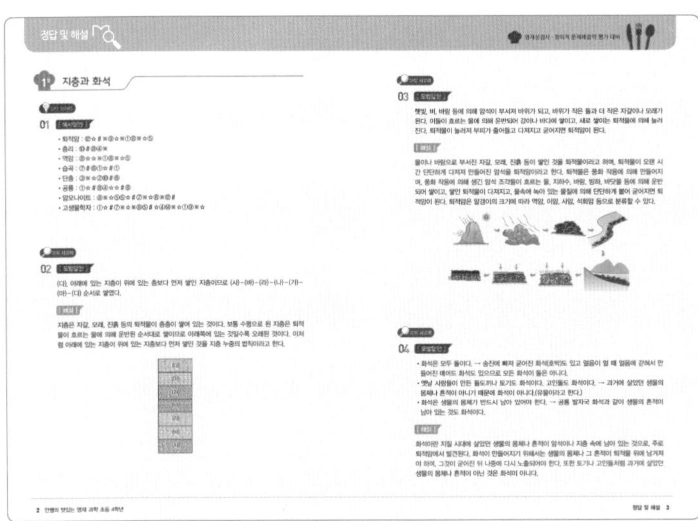

정답 및 해설

창의성 문제 유형에는 좋은 점수를 받을 수 있는 예시답안을 제시했고, 해설을 참고하여 자신의 답안을 수정 보완할 수 있도록 구성하였습니다. 과학 사고력과 융합사고력 문제 유형에는 모범답안을 제시했고, 해설을 참고하여 핵심 개념을 활용하여 논리적으로 서술했는지 확인하며 수정 보완할 수 있도록 구성하였습니다.

Contents

안쌤의 맛있는 영재 과학

1강

지층과 화석

1강 지층과 화석

일반 창의성

01 다음과 같이 기호를 이용하여 한글을 나타낼 수 있다.

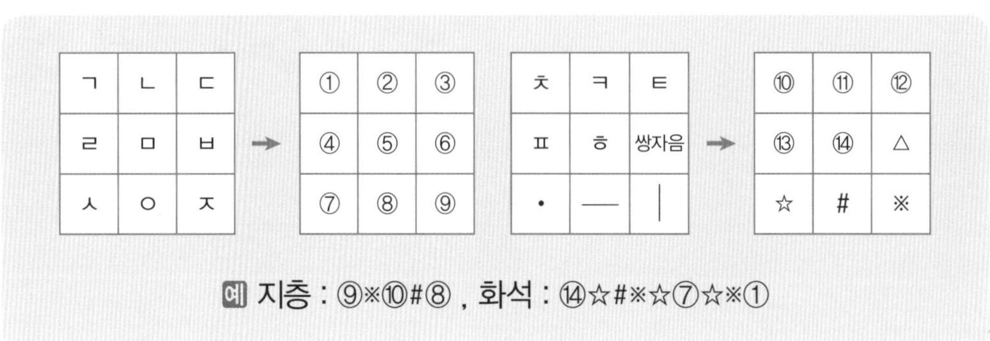

ㄱ	ㄴ	ㄷ
ㄹ	ㅁ	ㅂ
ㅅ	ㅇ	ㅈ

→

①	②	③
④	⑤	⑥
⑦	⑧	⑨

ㅊ	ㅋ	ㅌ
ㅍ	ㅎ	쌍자음
•	—	|

→

⑩	⑪	⑫
⑬	⑭	△
☆	#	※

예 지층 : ⑨※⑩#⑧ , 화석 : ⑭☆#※☆⑦☆※①

'지층' 또는 '화석'과 관련된 단어를 5가지 찾고, 위와 같은 방법으로 기호로 나타내시오.

1

2

3

4

5

02 다음은 멀리 떨어진 세 지역의 지층 단면을 나타낸 것이다.

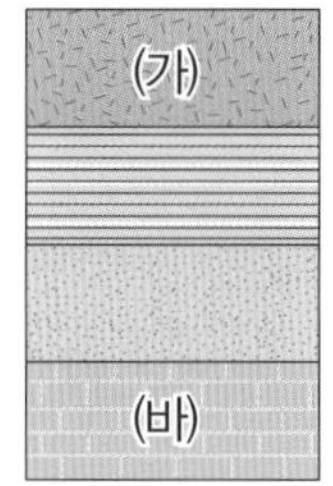

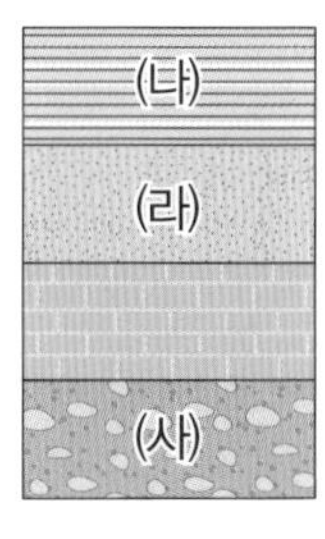

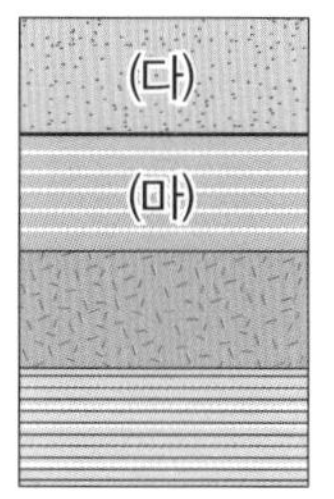

같은 모양의 지층은 같은 시기에 만들어진 지층이라고 할 때 가장 나중에 쌓인 지층은 무엇인지 지층이 쌓인 순서와 연관 지어 서술하시오.

과학 사고력

03 퇴적물이 굳어져 생긴 암석을 퇴적암이라고 한다. 다음 〈보기〉의 단어를 모두 사용하여 퇴적암의 생성 과정을 서술하시오.

〈보기〉

강, 물, 비, 모래, 바다, 바람, 바위, 부피, 암석, 운반, 자갈, 햇빛

과학 사고력

04 다음은 예은이와 친구들이 화석에 관해 이야기를 나눈 것이다.

예은 : 화석은 지질 시대에 살았던 생물의 몸체나 흔적이 암석이나 지층 속에 남아 있는 거야.
보민 : 맞아, 그래서 화석은 모두 돌로 되어 있어.
서율 : 돌로 된 것뿐만 아니라 옛날 사람들이 만든 돌도끼나 토기도 화석이라고 생각해.
예서 : 그러면 고인돌도 화석이겠구나!
예은 : 글쎄……, 화석은 생물의 몸체가 반드시 남아 있어야 하지 않아?

위 대화 내용 중 화석에 대해 잘못 설명한 내용을 모두 찾아 밑줄로 표시하고, 그렇게 생각한 이유를 서술하시오.

과학 창의성

05 어떤 지역의 암석 및 지층을 관찰하고 조사하는 것을 지질 답사라고 한다. 학교에서 모둠원과 함께 지질 답사를 할 때 주의할 점을 3가지 서술하시오.

❶

❷

❸

과학 창의성

06 다음은 우리나라에서 발견한 공룡의 흔적에 대한 조사 자료이다. 이 자료를 통해 알 수 있는 사실을 5가지 서술하시오.

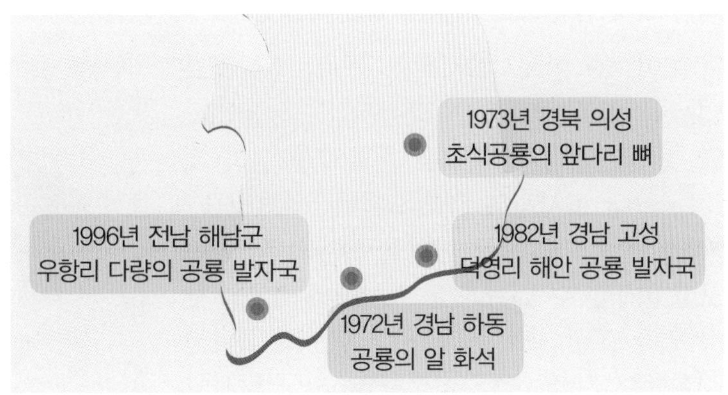

1

2

3

4

5

융합 사고력

07 다음 기사를 읽고 물음에 답하시오.

국가 과학 유산으로 선정된 '대한지질도'

2020년 1월 한국지질자원연구원이 소장하고 있는 1 : 100만 지질도인 '대한지질도'가 우리나라 첫 국가과학기술자료로 등록되었다. 이 지도는 국내 조사자에 의해 제작된 최초의 1 : 100만 한국 지질도로 한반도 전체의 지질 분포를 이해할 수 있는 학술 가치와 희귀성을 갖고 있다. 또한, 광복 직후 근대 학문의 하나인 지질학을 기념하거나 상징하고, 지질 탐사와 같은 기술의 발전 등 그 시대를 이해하는 데 중요하기 때문에 향후 이를 온전히 보존해야 할 가치가 있다.

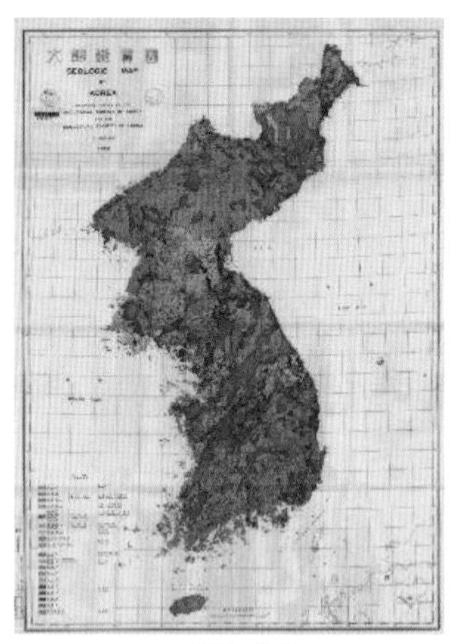
▲ 대한지질도

(1) 과학적인 측면에서 대한지질도의 중요성을 서술하시오.

(2) 지질도는 암석과 지층의 종류 및 분포 상태 등을 지도에 표시한 것이다. 최근 환경부에서는 석면 분포 지질도를 인터넷에 공개하였는데 우리는 이 지도를 통해 자연 활동으로 인해 암석이나 토양에 존재하는 자연 발생 석면이 분포하는 지역을 알 수 있다. 이처럼 지질도를 활용할 수 있는 아이디어를 3가지 서술하시오.

안쌤의
맛있는
영재 과학
1강
지층과 화석

안쌤의 맛있는 영재 과학

2강

식물의 한살이

2강 식물의 한살이

일반 창의성

01 한 문장에 다음 〈보기〉의 단어 3개가 들어 있는 문장을 10가지 만드시오. (단, 문장은 과학적으로 옳은 문장이어야 한다.)

〈보기〉

물, 잎, 꽃, 싹, 씨, 공기, 관찰, 식물, 열매, 온도, 줄기, 햇빛, 한살이

1

2

3

4

5

6

7

8

9

10

02 영재는 강낭콩에서 싹이 트는 모습을 관찰하기 위해 페트리 접시에 탈지면을 깔고 강낭콩 씨를 올려놓은 다음 씨앗이 잠기도록 물을 부었다. 일주일 후 강낭콩에서 싹이 트는지, 트지 않는지 이유와 함께 서술하시오.

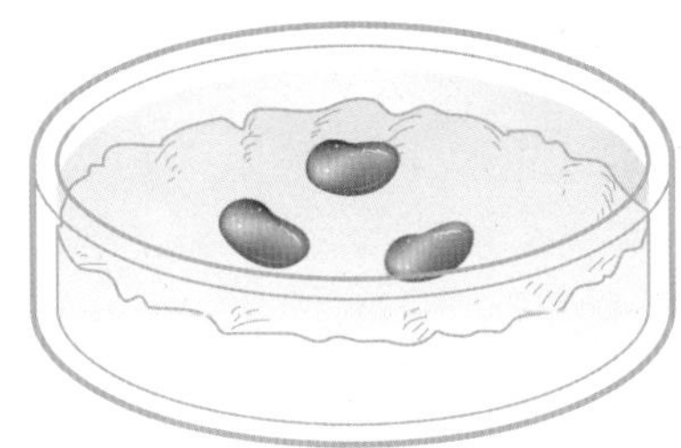

과학 사고력

03 다음과 같이 밭농사를 지을 때는 흙을 검은 비닐로 덮고, 비닐에 구멍을 뚫어 모종을 심은 후 흙으로 구멍을 막는다. 검은 비닐의 역할을 2가지 서술하시오.

04 다음은 식물의 한살이가 여러 해 동안 일어나는 식물의 겨울철 모습이다.

▲ 단풍나무

▲ 목련

▲민들레

각 식물이 추운 겨울을 보내는 방법을 각각 서술하시오.

식물	겨울을 보내는 방법
단풍나무	
목련	
민들레	

과학 창의성

05 씨는 장차 싹이 터서 새로운 식물이 될 수 있는 것으로 특히 곡식이나 채소 등의 씨를 씨앗이라고 한다. 씨앗 창고에서 씨앗을 잘 보관하려면 어떻게 해야 하는지 3가지 서술하시오.

①

②

③

과학 창의성

06 한 달 동안 강낭콩이 얼마큼 자라는지 관찰할 때 필요한 도구와 관찰 방법을 5가지 서술하시오.

1

2

3

4

5

융합 사고력

07 다음 기사를 읽고 물음에 답하시오.

터미네이터 씨앗과 F1 씨앗

▲ 종묘상에서 파는 씨앗

터미네이터(terminator) 씨앗은 '끝낸다'라는 의미가 있는 씨앗으로 다음 세대에서는 싹이 나지 않는 씨앗이다. F1(first filial generation) 씨앗은 1세대에서만 형질의 우수성을 나타내고 다음 세대에서는 전혀 다른 특징을 보이는 씨앗이다.
농가에서 많이 재배하는 작물은 사람들이 원하는 우수한 특징의 유전자를 가진 여러 식물을 교배하여 만든 종자 개량 식물로, 병충해 방지를 목적으로 화학 약품 처리를 하거나 유전자 조작을 하므로 씨앗을 받기 어렵고 씨앗을 받아 심어도 우수한 특징이 그대로 나타나지 않는다. 따라서 농부들은 우수한 특징을 가진 작물을 많이 수확하기 위해 해마다 비싼 비용을 들여서 종묘상에서 씨앗을 산다. 현재 종묘상에서 파는 씨앗은 대부분 외국계 종묘회사에서 수입하고 있으며 사용권이 있어서 가격이 비싸다.

(1) 터미네이터 씨앗과 F1 씨앗으로 심은 식물이 1세대에서만 우수한 형질이 나타나는 이유를 서술하시오.

(2) 원하는 형태로 작물을 개량하여 새로운 씨앗을 만드는 것을 육종이라고 한다. 씨 없는 수박의 기초 원리를 규명한 우장춘 박사도 대표적인 육종학자이다. 작물의 종자를 개량하여 새로운 품종을 만들 때 고려해야해 할 점을 3가지 서술하시오.

안쌤의
맛있는
영재 과학
2강
식물의 한살이

안쌤의 맛있는 영재 과학

3강

물체의 무게

3강 물체의 무게

일반 창의성

01 두 개 이상의 단어로 이루어져 그 특수한 의미를 나타내는 말을 관용어라고 한다. 다음 신체 부위를 나타내는 단어와 물질의 성질이나 상태를 나타내는 단어를 각각 한 개씩 사용하여 관용어를 8가지 만들고, 그 의미를 서술하시오.

신체 부위를 나타내는 단어	성질이나 상태를 나타내는 단어
눈, 코, 입, 귀, 손, 발, 머리, 어깨, 다리, 엉덩이	무겁다, 가볍다, 작다, 크다, 높다, 낮다, 넓다, 좁다, 밝다, 어둡다

예 엉덩이가 무겁다. : 한번 자리를 잡고 앉으면 좀처럼 일어나지 않는다.

1

2

3

4

5

6

7

8

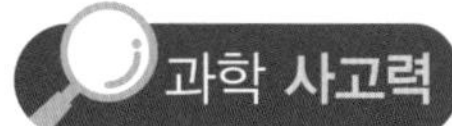

02 큰 공과 작은 공 여러 개를 가정용 저울로 무게를 재었더니 다음과 같았다. 큰 공 1개와 작은 공 1개의 무게는 각각 몇 g인지 구하시오. (단, 크기가 같은 공은 무게가 같다.)

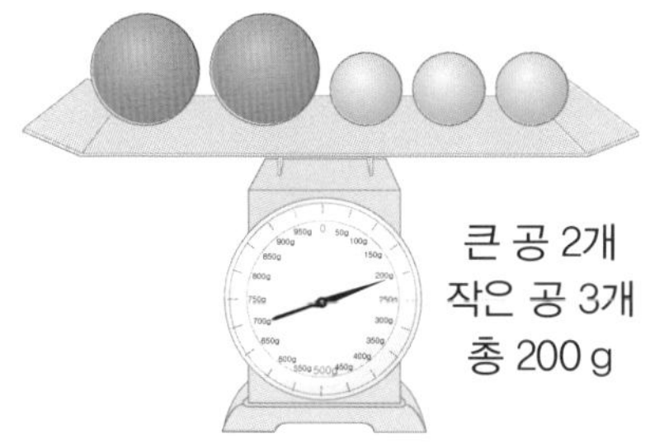

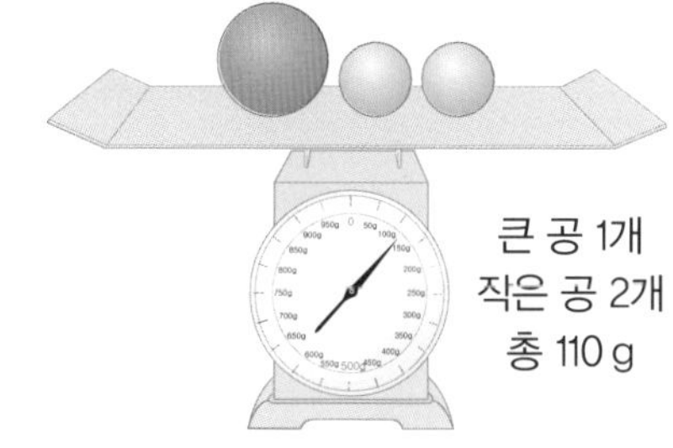

과학 사고력

03 나무도막 A와 B를 수평대에 올려놓으면 수평대가 왼쪽으로 기울어진다. 수평대가 수평이 되게 할 수 있는 방법을 3가지 서술하시오.

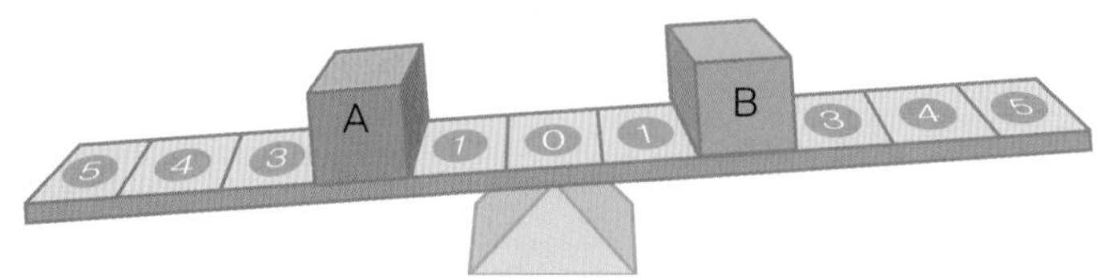

❶

❷

❸

04 타워크레인은 무거운 물건을 들어 올려 아래위나 수평으로 이동시키는 기계로 타워크레인의 축은 지브의 무게중심에 있다.

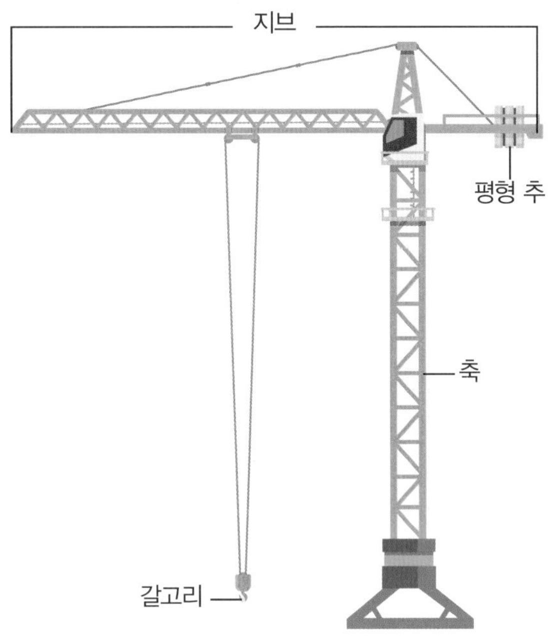

수평을 이룬 타워크레인의 축을 중심으로 두 부분으로 나누었을 때 평형 추가 있는 오른쪽과 없는 왼쪽 중 더 무거운 쪽을 고르고, 그 이유를 서술하시오.

• 더 무거운 쪽 :

• 이유 :

과학 창의성

05 다음 그림과 같이 용수철 한쪽 끝을 받침대에 고정한 후, 용수철에 탁구공을 올려놓고 손으로 눌렀다가 놓으면 탁구공이 앞으로 나간다. 탁구공을 더 멀리 보낼 방법을 3가지 서술하시오.

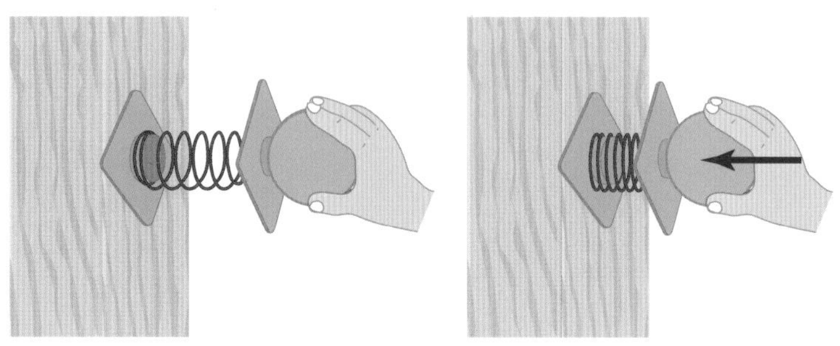

1

2

3

과학 창의성

06 공항에는 비행기를 타기 전 수하물의 무게를 확인할 수 있는 저울이 있어 짐의 양을 조절할 수 있다. 이처럼 우리 생활 속에서 무게를 측정하는 경우를 10가지 서술하시오.

1

2

3

4

5

6

7

8

9

10

융합 사고력

07 다음 기사를 읽고 물음에 답하시오.

저울 없이 고래의 무게를 측정하는 방법

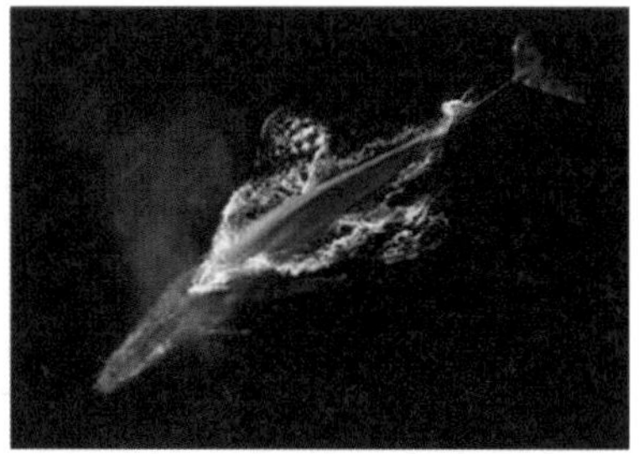

고래는 죽은 채로 해변에 떠밀려 오거나 어망에 걸릴 때만 무게를 측정할 수 있었고, 바다를 헤엄치는 야생 고래의 무게는 측정할 수 없었다. 최근 드론을 이용하여 야생 고래의 무게를 측정하는 방법을 찾았다. 번식기를 맞아 아르헨티나 해역에 몰려든 남방긴수염고래 무리의 주변에 드론을 날려 고래들이 숨을 쉬기 위해 수면으로 올라올 때 집중적으로 사진을 촬영했다. 이 사진들을 통해 고래 86마리의 길이, 폭, 높이 등을 계산해 그 부피를 구한 후 과거의 자료와 비교해 무게로 변환했다. 살아있는 고래의 무게를 측정하면 고래의 성장과 변화 과정을 관찰하는 데 도움이 된다.

(1) 저울을 이용하지 않고 야생 고래의 무게를 측정할 수 있다. 드론을 이용하여 고래의 무게를 측정하는 방법을 서술하시오.

(2) (1)과 같이 야생 고래의 무게를 측정하는 방법은 고래의 성장과 변화 과정을 관찰하여 고래를 연구하는 데 많은 도움이 된다. 이와 같은 무게 측정 방법을 활용할 수 있는 아이디어를 2가지 서술하시오.

▲ 아르헨티나 해안가에서 포착된 남방긴수염고래 어미와 새끼

안쌤의
맛있는
영재 과학
3강
물체의 무게

안쌤의 맛있는 영재 과학

4강

혼합물의 분리

4강 혼합물의 분리

일반 창의성

01 보민이와 서율이가 끝말잇기를 하였다. 두 사람의 끝말잇기에서 나온 단어를 순서대로 쓴 후 마지막 단어부터 단어 5개를 더 나열하시오.

보민이와 서율이의 끝말잇기

- 보민이가 먼저 '혼합물'로 시작했다.
- 서율이는 끝말잇기 중에 '분리'라는 단어를 사용했다.
- 보민이가 사용한 모든 단어는 혼합물, 질□, □분, 재활용이다.
- 서율이가 사용한 모든 단어는 물□, 용□, 문화재, 분리이다.

혼합물 –

과학 사고력

02 다음은 미세먼지에 노출되었던 보건용 마스크를 현미경으로 1천 배 확대한 모습이다. 보건용 마스크가 미세먼지를 막을 수 있는 이유를 서술하시오.

03 다음은 여러 가지 가루 물질이다.

▲ 모래 ▲ 철가루 ▲ 소금 ▲톱밥

위 네 가지 물질로 이루어진 혼합물을 분리하려고 할 때 필요한 준비물을 쓰고, 각각의 물질을 분리하는 과정을 단계별로 서술하시오.

과학 사고력

04 다음은 두부를 만드는 과정이다. 각 과정 중에서 혼합물을 분리한 과정을 고르고, 각 과정의 혼합물 분리 방법을 서술하시오.

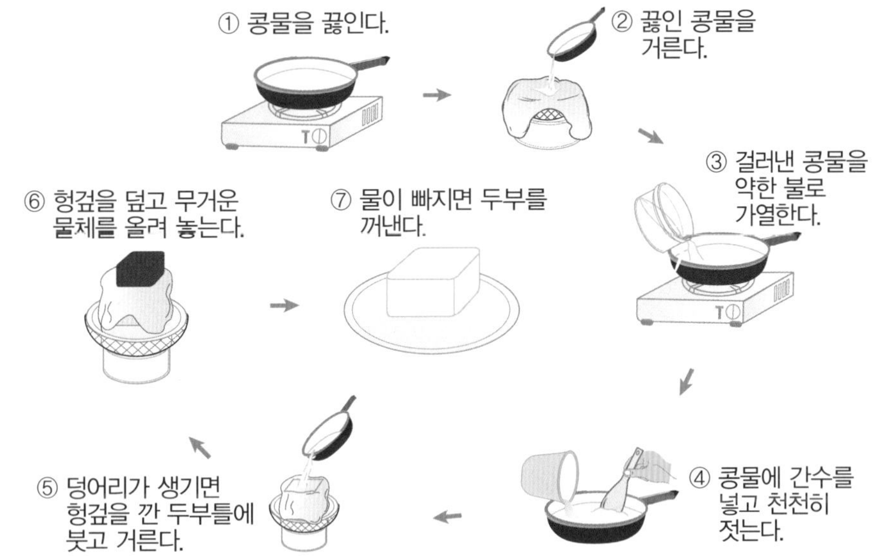

과학 창의성

05 다음은 우리 주변에서 볼 수 있는 혼합물에 대한 설명이다.

(김밥)은 혼합물이다.
왜냐하면 (밥, 단무지, 달걀, 당근, 시금치, 쇠고기 등이 섞여 있기) 때문이다.

우리 주변에서 혼합물을 5가지 찾아 ( ) 안에 알맞게 쓰시오.

1. ( )은/는 혼합물이다.

   왜냐하면 ( ) 때문이다.

2. ( )은/는 혼합물이다.

   왜냐하면 ( ) 때문이다.

3. ( )은/는 혼합물이다.

   왜냐하면 ( ) 때문이다.

4. ( )은/는 혼합물이다.

   왜냐하면 ( ) 때문이다.

5. ( )은/는 혼합물이다.

   왜냐하면 ( ) 때문이다.

과학 창의성

06 쓰레기 분리배출은 가정에서 하는 대표적인 혼합물의 분리이다. 이처럼 가정에서 볼 수 있는 혼합물의 분리의 예를 10가지 서술하시오.

1

2

3

4

5

6

7

8

9

10

융합 사고력

07 다음 기사를 읽고 물음에 답하시오.

1초 만에 물과 기름을 분리하는 기술

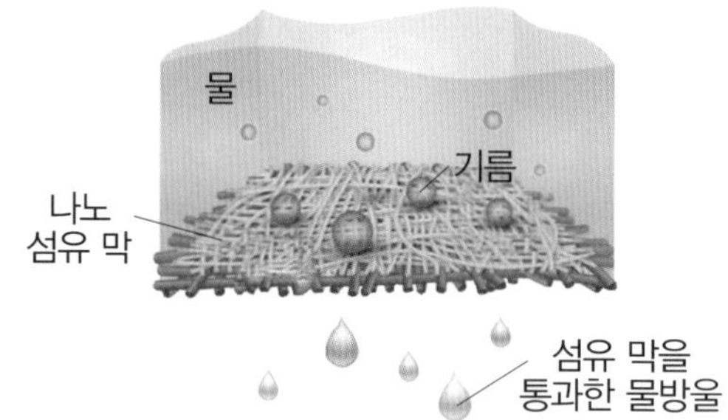

물속에서 기름이 스며들지 않는 수중 초발유성 셀룰로오스 기반의 나노 섬유 막을 이용하면 물과 기름이 섞인 혼합물을 빠르고 99 % 정확하게 분리할 수 있다. 나노 섬유 막은 물과 아주 친한 성질을 갖고 있고 기름에 쉽게 오염되지 않는다. 또한 구멍이 많은 다공성 구조이므로 액체를 더 잘 흡수하고, 중력만으로도 쉽게 물과 기름을 분리할 수 있다. 손바닥만한 나노 섬유 막을 이용하면 종이컵 300 mL 양의 물과 기름을 1초 만에 분리할 수 있다.

(1) 물과 기름의 혼합물을 빠르게 분리할 수 있는 나노 섬유 막의 원리를 추리하여 서술하시오.

(2) 나노 섬유 막을 이용하면 바다에 기름이 유출되었을 때 바닷물에서 기름을 빠르게 분리할 수 있다. 이처럼 물과 기름을 빠르게 분리할 수 있는 나노 섬유 막을 활용할 수 있는 아이디어를 2가지 서술하시오.

▲ 바다에 유출된 기름이 퍼지는 것을 오일펜스로 막는 모습

안쌤의
맛있는
영재 과학
4강
혼합물의 분리

안쌤의 맛있는 영재 과학

5강

식물의 생활

5강 식물의 생활

일반 창의성

01 다음과 같이 어떤 식물의 줄기는 다른 물체를 감아 올라가면서 자란다. 이처럼 우리 주변에서 감고 올라가는 형태로 만들면 좋을 만한 물건을 골라 새로운 물건을 만들고 좋은 점을 서술하시오. (그림을 그려 설명해도 좋다.)

▲ 등나무

▲ 포도나무

02 다음은 선인장의 특징과 그 특징이 자신이 살아가는 데 이로운 점을 나타낸 것이다.

선인장

- 특징 : 바늘잎
- 이로운 점 : 잎이 가시로 변하여 수분의 증발을 막고 초식 동물로부터 자신을 보호한다.

이처럼 식물의 이름과 특징, 그 특징이 살아가는 데 이로운 점을 3가지 서술하시오.

이름	특징	살아가는 데 이로운 점

03 다음과 같이 식물의 잎이 줄기에 붙어 있는 모양은 서로 다르지만 공통점이 있다. 공통점을 서술하시오.

▲ 쥐똥나무

▲ 은행나무

▲ 잣나무

04 바닷속에서 사는 미역이 육지 식물과 다른 점을 서식지와 관련하여 서술하시오.

과학 창의성

05 학교 주변에서 볼 수 있는 식물을 관찰하려고 한다. 식물 관찰 계획서에 관찰하고 싶은 점을 5가지 서술하시오.

식물 관찰 계획서	
기록자	○○○
관찰한 날짜	○○○○년 ○○월 ○○일 ○○요일 ○○시
관찰한 식물	개나리
관찰한 장소	학교 화단
관찰하고 싶은 점	

06 무궁화와 벼의 차이점을 5가지 서술하시오.

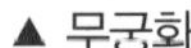

▲ 무궁화

▲ 벼

1

2

3

4

5

융합 사고력

07 다음 기사를 읽고 물음에 답하시오.

남극 식물 유전자로 추위와 가뭄에 강한 벼 개발

▲ 남극좀새풀

최근 극지 연구소의 연구팀은 춥고 건조한 남극에서도 꽃을 피우는 남극좀새풀에서 'GolS2'라는 유전자를 찾아냈다. 남극좀새풀의 유전자를 넣어서 형질을 바꾼 벼는 일반 벼보다 저온 생존율이 5배 높았다. 상온 성장에서는 두 벼의 뚜렷한 차이가 없었지만, 심각한 냉해 피해가 발생하는 4 ℃에서는 형질 전환 벼는 54 %, 일반 벼는 11 % 생존했다. 또한 남극좀새풀 유전자의 효능은 건조 환경에서도 나타났다. 9일 동안 물을 주지 않다가 다시 주었을 때, 형질을 바꾼 벼의 생존율은 30 %로 일반 벼 10 %의 3배였다. 연구 결과 GolS2 유전자가 복합적으로 벼의 내성을 향상한 것으로 분석됐다.

(1) 형질을 바꾼 벼에서 남극좀새풀 유전자의 효능을 서술하시오.

(2) 남극좀새풀과 같이 극지방의 극한 환경에서 사는 생물은 혹독한 환경에서 살아남기 위해 얼음 형성을 억제하는 물질인 '비동결 단백질'이나, 세포 손상을 방지하는 '항산화 물질' 등을 많이 갖고 있다. 추위와 가뭄에 강한 벼를 개발한 것처럼 극지 생물을 활용할 수 있는 아이디어를 2가지 서술하시오.

〈일반 벼(좌)와 형질을 바꾼 벼(우) 비교〉

▲ 저온 처리 전 ▲ 저온 처리 후

▲ 건조 처리 전 ▲ 건조 처리 후

식물의 생활

안쌤의 맛있는 영재 과학

6강

물의 상태 변화

6강 물의 상태 변화

일반 창의성

01 답이 '물'이 될 수 있는 문제를 5가지 만드시오.

1

2

3

4

5

02 여름철에 공기 중에 그냥 둔 얼음과 선풍기 바람을 쐬는 얼음 중 더 빨리 녹는 것은 무엇인지 이유와 함께 서술하시오.

과학 사고력

03 스팀다리미로 옷을 다릴 때 스팀다리미 주변에 흰 연기처럼 보이는 것은 물의 세 가지 상태 중 어떤 상태인지 이유와 함께 서술하시오.

04 다음은 햇빛을 이용한 정수기 '솔라 볼(Solar ball)'의 모습이다. 솔라 볼 안에 흙탕물을 넣고 햇빛 아래 두면 정수된 물이 한쪽에 모여 빼낼 수 있다. 솔라 볼로 물을 정수할 수 있는 원리를 서술하시오.

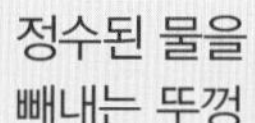

05 물을 끓일 때 관찰할 수 있는 현상을 5가지 서술하시오.

1

2

3

4

5

과학 창의성

06 장마철에는 빨래를 널어놓아도 잘 마르지 않는다. 장마철에 빨래를 빨리 말릴 방법을 3가지 서술하시오.

1

2

3

융합 사고력

07 다음 기사를 읽고 물음에 답하시오.

영하 아닌 상온에서도 얼음을 만든다

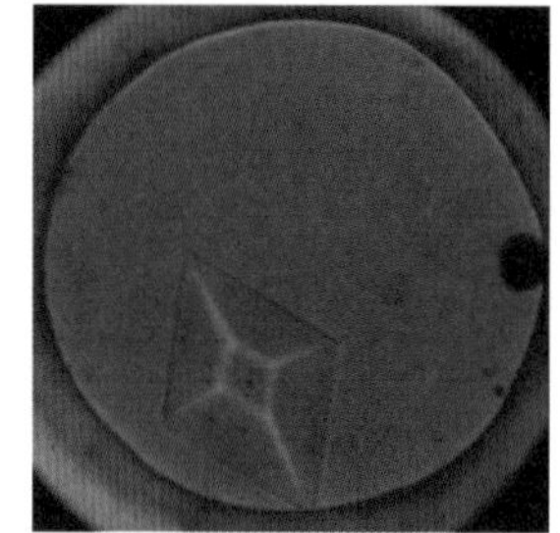
▲ 높은 압력에서 생성된 얼음 결정

일반적으로 자연에서 관찰되는 얼음은 0 ℃보다 낮은 온도에서만 만들어지며 결정 모양만 10,000가지가 넘는다. 그러나 물이 얼음이 되는 현상은 온도뿐만 아니라 압력에도 영향을 받기 때문에 압력을 조절하면 얼음 결정 모양을 조절하여 만들 수 있다. 다만, 압력만으로 얼음을 얻으려면 대기압 1만 배 이상 초고압이 있어야 한다.

압력을 조절하여 얼음을 만들면 온도에 구애받지 않고 얼음의 크기나 형태 및 성장하는 속도를 인위적으로 조절할 수 있다. 또한, 물질의 압력·부피·영상·입자 구조 정보까지 동시에 측정할 수 있다.

(1) 온도를 영하로 낮추지 않고 상온에서 얼음을 만들 수 있는 원리를 서술하시오.

(2) 냉동고에서 고기를 얼리면 바늘처럼 뾰족한 얼음 결정 때문에 고기의 육질과 맛이 떨어진다. 만약 고압에서 얼음을 만든다면 얼음 결정을 다른 모양으로 만들어 육질과 맛을 보호할 수 있을 것이다. 이처럼 고압 냉동 기술을 활용할 수 있는 아이디어를 2가지 서술하시오.

▲ 상온에서 얼어 얼음 결정이 뾰족한 냉동육

안쌤의
맛있는
영재 과학
6강
물의 상태 변화

안쌤의 맛있는 영재 과학

7강

그림자와 거울

7강 그림자와 거울

일반 창의성

01 거울과 물의 공통점을 7가지 서술하시오.

▲ 거울

▲ 물

1

2

3

4

5

6

7

02 다음과 같이 가운데 작은 구멍을 뚫은 종이 3장을 스탠드에 나란히 매달고 3개의 구멍이 일직선이 되도록 한 후 전구에 불을 켜서 구멍으로 빛이 보이는지 확인한다. 이후 가운데 종이 1장을 움직여 구멍을 어긋나게 하면 어떤 결과가 나타날지 이유와 함께 서술하시오.

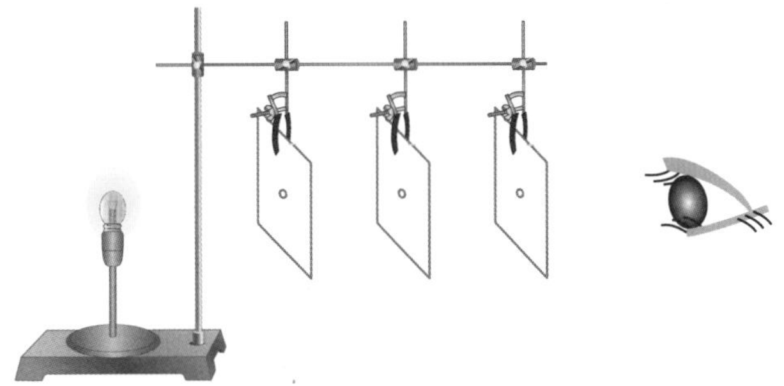

과학 사고력

03 인삼을 재배할 때는 밭에 검은 천을 씌워야 한다. 인삼밭에 검은 천을 씌우는 이유를 서술하시오.

04 다음과 같이 머그컵을 투명한 상자 위에 올려놓고 불이 켜진 손전등으로 컵을 (가), (나), (다) 방향에서 비추었다. 이때 그림자의 모양을 그림으로 그리고, 이를 통해 알 수 있는 점을 서술하시오.

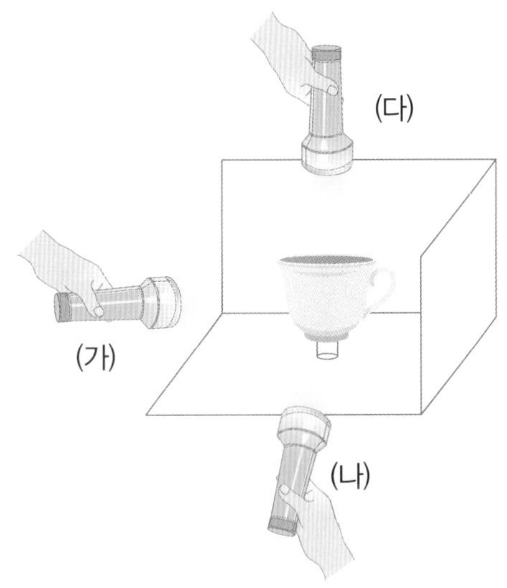

(가)	(나)	(다)

과학 창의성

05 다음과 같은 미로 속에 있는 사람이 평면거울 5개를 이용하여 상자를 볼 수 있는 방법을 그림으로 나타내시오.

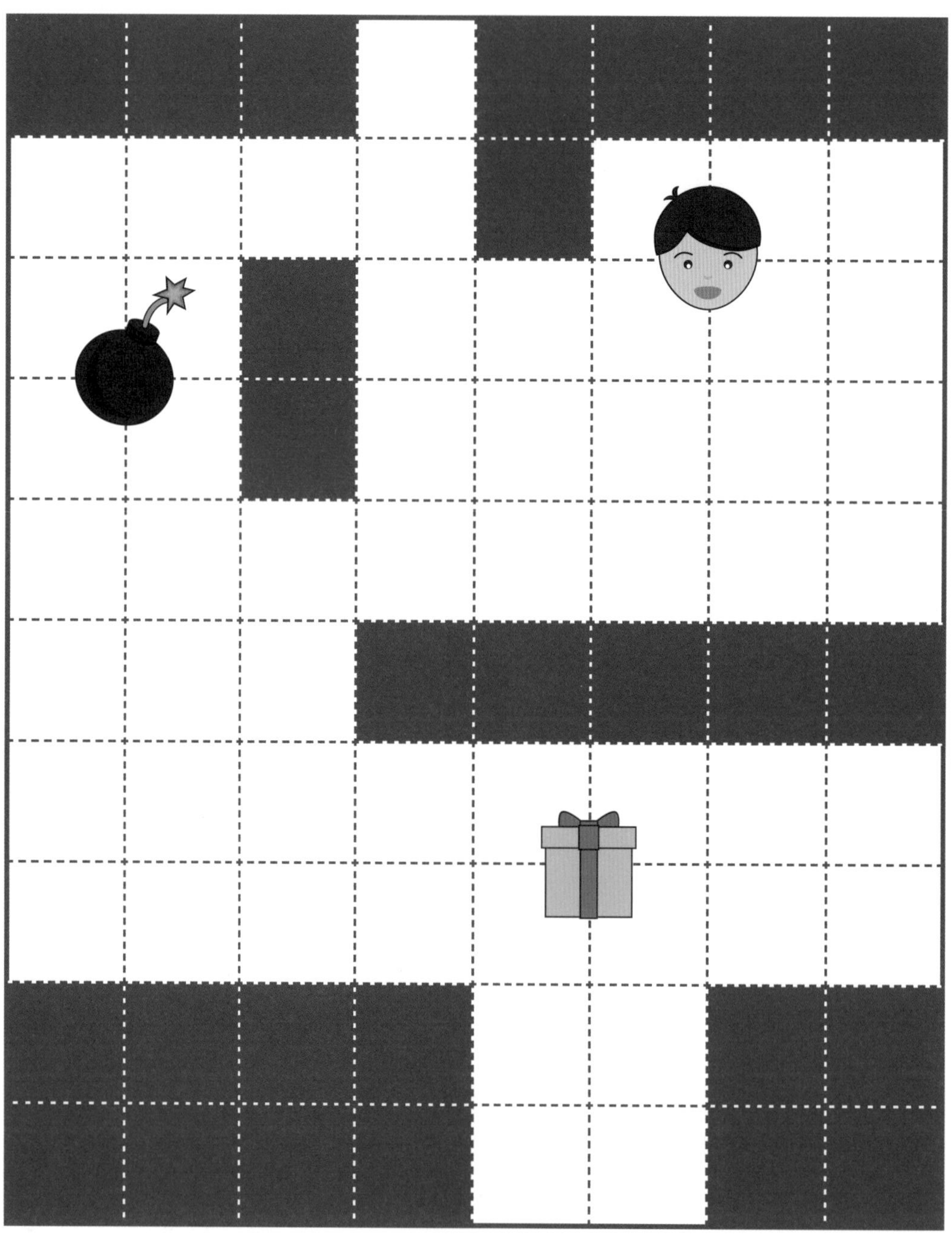

과학 창의성

06 다음은 컵과 컵의 그림자의 모습이다. 이 컵에 손전등 빛을 비추었을 때 그림자가 보이지 않게 할 수 있는 방법을 3가지 서술하시오. (단, 컵을 바꿀 수는 없다.)

1

2

3

융합 사고력

07 다음 글을 읽고 물음에 답하시오.

그림자를 분석하는 잠망경 카메라

사람이 사물을 볼 수 있는 것은 사물에서 반사된 빛이 우리 눈에 들어오기 때문이다. 모퉁이 뒤에 있는 사람은 반사된 빛이 눈에 들어오지 않으므로 보이지 않는다. 하지만 모퉁이의 벽과 바닥에는 뒤에 있는 사람에서 반사된 빛의 일부가 비친다.

미국 연구팀이 기존 디지털카메라에 컴퓨터를 결합해 잠망경 기능을 가진 카메라를 만들었다. 잠망경은 외부에 자신의 모습을 드러내지 않고 바깥을 정찰하는 데 사용되는 관측 장비이다. 물체에서 반사된 빛이 잠망경의 위쪽 거울에서 한 번 반사된 후 아래쪽 거울에 한 번 더 반사되어 눈으로 들어오면 외부 상황을 볼 수 있다. 잠망경 기능을 가진 카메라를 이용하면 벽에 비친 그림자를 분석해 숨겨진 물체의 모습을 재현할 수 있다. 또한 이 카메라에 거울을 붙이고 방향을 조절하면 모든 방향에서 반사된 빛을 모을 수 있으므로 다양한 방향에서 보이지 않는 물체를 포괄적으로 재현할 수 있다.

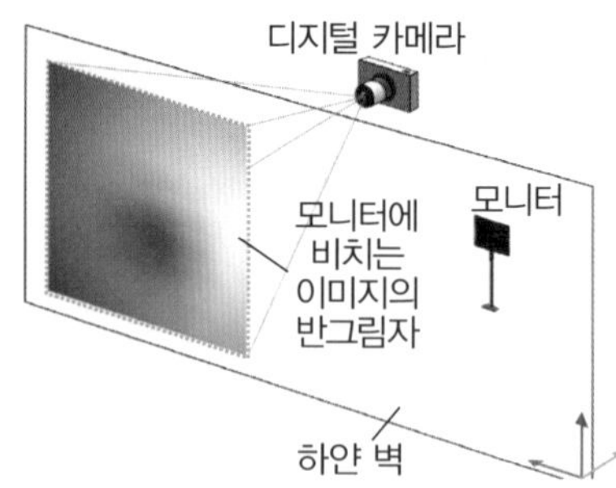

(1) 디지털카메라에 잠망경 기능을 추가하면 어떤 장점이 있는지 2가지 서술하시오.

(2) 그림자 분석이 가능한 잠망경을 사용하면 광범위한 영역을 관측할 수 있다. 이 기기를 개발한 연구진은 "자동차를 운전하다 보면 갑자기 뛰어든 아이들을 뒤늦게 감지해 교통사고가 자주 발생하는 데 이를 자동차에 적용하면 교통사고를 줄일 수 있다."고 설명했다. 이처럼 이 기기를 활용할 수 있는 아이디어를 원리와 함께 3가지 서술하시오.

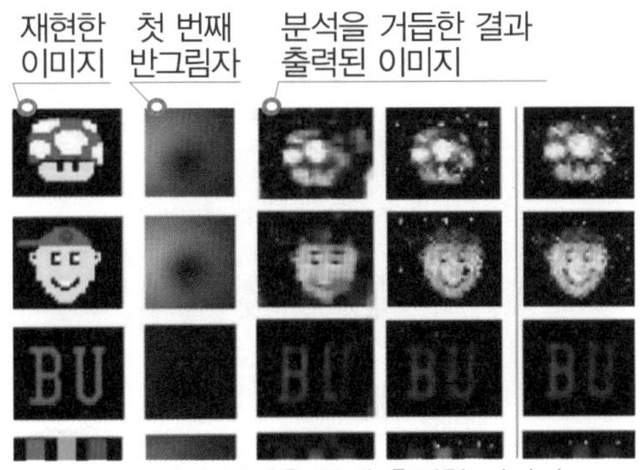

▲ 그림자 분석을 통해 출력한 이미지

안쌤의
맛있는
영재 과학
7강
그림자와 거울

안쌤의 맛있는 영재 과학

8강

화산과 지진

8강 화산과 지진

일반 창의성

01 다음과 같이 가운데 있는 단어를 보고 떠오르는 단어를 빈칸에 채워 넣으시오.

교실	선생님	교과서
운동장	**학교**	칠판
친구	책상	소풍

(1)

	화산	

(2)

	지진	

02 (가)와 (나)는 모두 화산 활동으로 인해 만들어진 암석이다.

(가)

(나)

두 암석의 겉모습의 차이점과 그 차이점이 나타나는 이유를 각각 3가지 서술하시오.

구분	차이점	이유

과학 사고력

03 지층에 지구 내부의 커다란 힘이 작용하면 끊어지거나 휘어진다. (가)와 같은 편평한 지층이 (나)와 같은 구조가 되는 과정에서 ㉠, ㉡에 작용하는 힘의 방향과 변화를 각각 서술하시오.

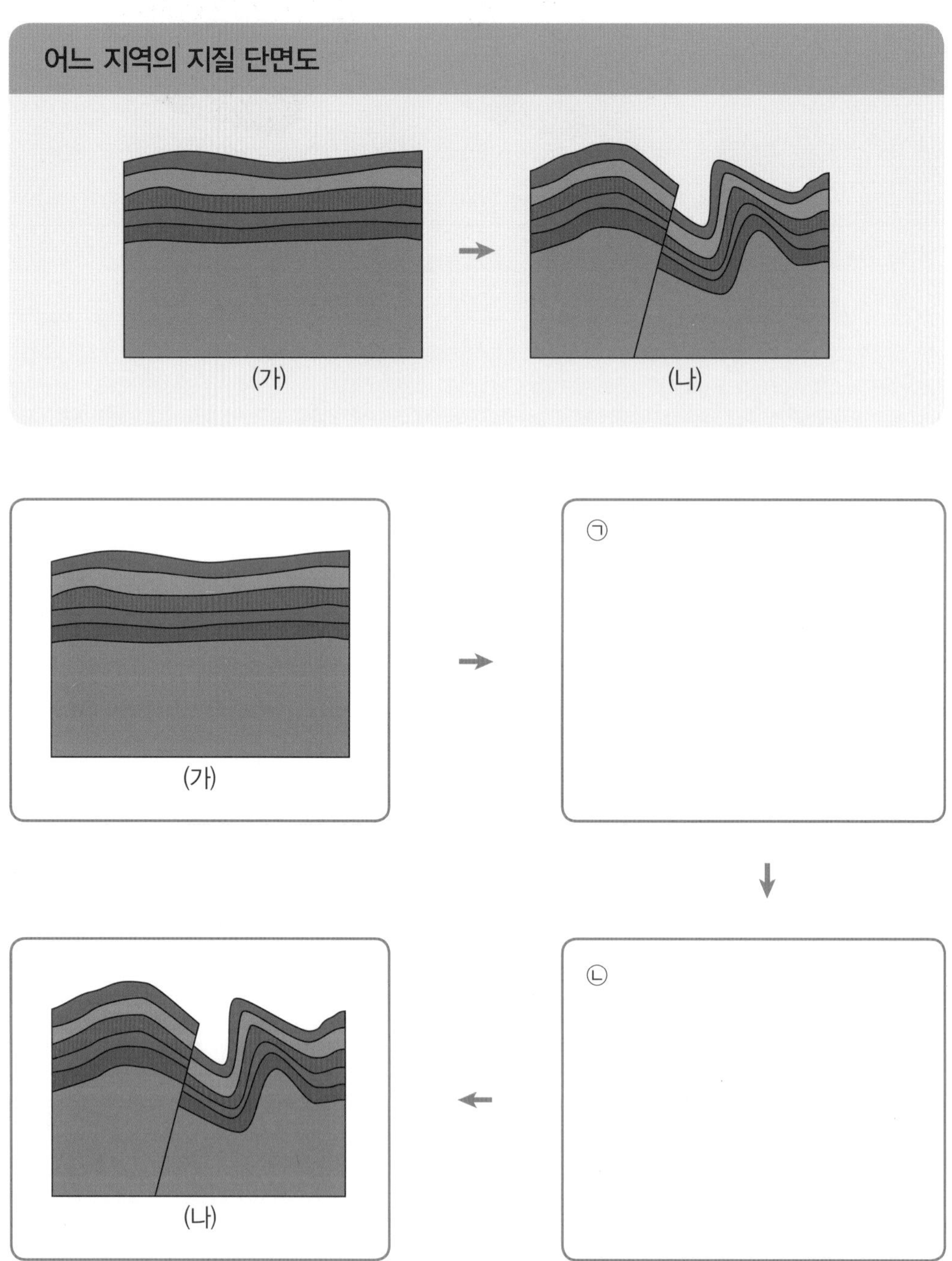

과학 사고력

04 최근 지진의 피해에 대비하기 위해 건물 외벽에 추가 구조물을 설치하는 경우가 증가했다. 건물 외벽의 구조물이 지진 발생의 피해를 줄일 수 있는 원리를 서술하시오.

과학 창의성

05 다음은 우리나라의 대표적인 화산 지형인 한라산에 대한 설명이다.

▲ 한라산

한라산은 높이 약 1,947 m로 남한에서 가장 높은 산이다. 화산 활동으로 인해 형성되었으며, 현무암으로 이루어져 있고, 제주도 중앙에서 동서로 길게 뻗어 있다. 한라산의 정상에는 분화구에 물이 고여 형성된 호수인 백록담이 있으며, 한라산 주위에는 오름이라고 불리는 작은 기생화산이 약 360여 개가 있다.

한라산이 화산인지 아닌지 확인할 수 있는 방법을 5가지 서술하시오.

1

2

3

4

5

과학 창의성

06 화산 활동은 우리 생활에 큰 영향을 준다. 화산 활동이 일어난 후 그 지형을 활용할 수 있는 방법을 5가지 서술하시오.

1

2

3

4

5

07 다음 기사를 읽고 물음에 답하시오.

지열발전소와 포항지진

지난 2017년 11월 15일, 경북 포항시에서 기상청 관측 이래 우리나라에서 두 번째로 큰 규모 5.4의 지진이 발생했다. 그런데 큰 피해를 남긴 포항 지진이 인근 지열발전소 때문에 발생했다는 조사 결과가 발표됐다.

포항 인근 지열발전소는 지하 4 km 지점에 물을 내려보낸 후 지열을 통해 뜨거워진 수증기로 터빈을 돌려 전기를 생산했다. 지열발전은 화석 연료와 달리 온실가스와 오염 물질이 거의 배출되지 않고, 24시간 전기를 생산할 수 있는 장점이 있다. 하지만 지열발전을 위해 지층에 물을 주입하고 빼는 작업을 반복하는 과정에서 땅의 단층이 자극된다. 포항지진 정부조사연구단은 '포항지진 전 다섯 차례의 지층 자극이 있었고, 지열발전소가 지층에 고압의 물을 주입하면서 지진이 촉발됐다'라고 발표했다.

(1) 포항 인근 지열발전소에서 전기를 생산하는 원리를 서술하시오.

(2) 다음은 지열발전소가 포항지진에 어떻게 영향을 주었는지 나타낸 것이다. 지열발전소가 지층에 영향을 주어 지진을 일으킬 수 있는 것 외에 지열발전소의 문제점을 2가지 서술하시오.

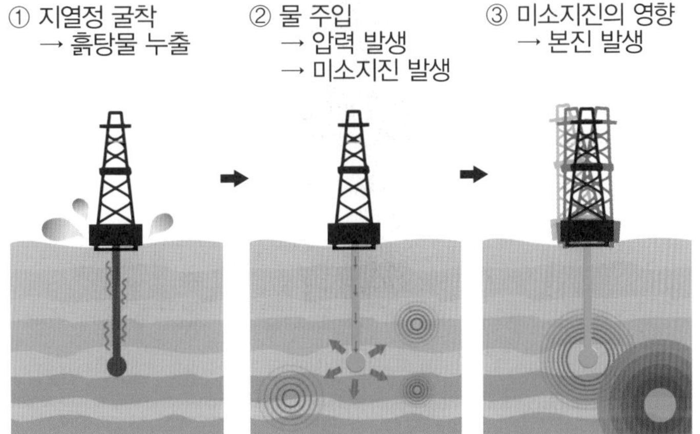

안쌤의
맛있는
영재 과학
8강
화산과 지진

안쌤의
경시사고력 초등 수학 시리즈

교내 · 외 경시대회, 창의사고력 대회, 영재교육원에서
자주 출제되는 경시사고력 유형을
대수, 문제해결력, 기하+조합 영역으로 분류하고
초등학생들의 수학 사고력을 기를 수 있는
신개념 초등 수학경시 기본서입니다.

정답 및 해설

창의와 사고

안쌤 영재교육연구소

상위 1%가 되는 길로 안내하는 이정표로,
학생들이 꿈을 이루어갈 수 있도록 콘텐츠 개발과 강의 연구를 하고 있다.

공동저자

김단영(한국영재교육학회 이사), 정영철(행복한 영재들의 놀이터)

검수

권도원(one science), 권문석(대치CMS), 문혜정(고려대학교 대학원 영재교육전공),
방선희(아이엠(IM)학원), 백유정, 신선미(수노리사고력수학), 윤소희(MeSA학원),
이명희(엠투엠수학), 임성은(대치 시리우스학원), 장주라(브릿지공부방), 장혜선(짱쌤의팩토사이언스),
전가영(전가영 수학과학 학원), 전익찬, 정보경(조이사이언스), 정영숙(성북하이스트),
정회은(CnT), 최나영(동탄팩토사고력수학과학학원)

안쌤의

맛있는

영재 과학

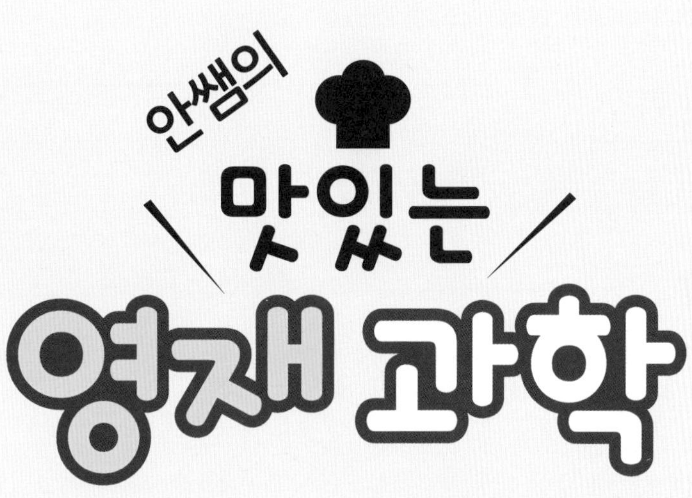

영재성검사·창의적 문제해결력 평가 대비

정답 및 해설

초등 4

1강 지층과 화석

일반 창의성

01 [예시답안]

- 퇴적암 : ⑫☆＃※⑨☆※①⑧※☆⑤
- 층리 : ⑩＃⑧④※
- 역암 : ⑧☆☆※①⑧※☆⑤
- 습곡 : ⑦＃⑥①☆＃①
- 단층 : ③※☆②⑩＃⑧
- 공룡 : ①☆＃⑧④☆☆＃⑧
- 암모나이트 : ⑧※☆⑤⑤☆＃②※☆⑧※⑫＃
- 고생물학자 : ①☆＃⑦※☆※⑧⑤＃☆④⑭※☆①⑨※☆

과학 사고력

02 [모범답안]

(다), 아래에 있는 지층이 위에 있는 층보다 먼저 쌓인 지층이므로 (사)－(바)－(라)－(나)－(가)－(마)－(다) 순서로 쌓였다.

[해설]

지층은 자갈, 모래, 진흙 등의 퇴적물이 층층이 쌓여 있는 것이다. 보통 수평으로 된 지층은 퇴적물이 흐르는 물에 의해 운반된 순서대로 쌓이므로 아래쪽에 있는 것일수록 오래된 것이다. 이처럼 아래에 있는 지층이 위에 있는 지층보다 먼저 쌓인 것을 지층 누중의 법칙이라고 한다.

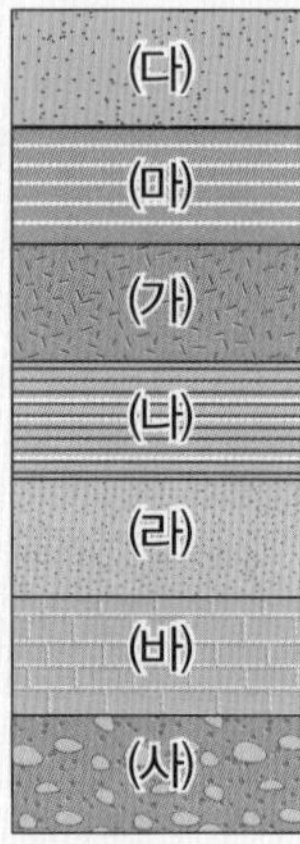

과학 사고력

03 [모범답안]

햇빛, 비, 바람 등에 의해 암석이 부서져 바위가 되고, 바위가 작은 돌과 더 작은 자갈이나 모래가 된다. 이들이 흐르는 물에 의해 운반되어 강이나 바다에 쌓이고, 새로 쌓이는 퇴적물에 의해 눌러진다. 퇴적물이 눌러져 부피가 줄어들고 다져지고 굳어지면 퇴적암이 된다.

[해설]

물이나 바람으로 부서진 자갈, 모래, 진흙 등이 쌓인 것을 퇴적물이라고 하며, 퇴적물이 오랜 시간 단단하게 다져져 만들어진 암석을 퇴적암이라고 한다. 퇴적물은 풍화 작용에 의해 만들어지며, 풍화 작용에 의해 생긴 암석 조각들이 흐르는 물, 지하수, 바람, 빙하, 바닷물 등에 의해 운반되어 쌓이고, 쌓인 퇴적물이 다져지고, 물속에 녹아 있는 물질에 의해 단단하게 붙어 굳어지면 퇴적암이 된다. 퇴적암은 알갱이의 크기에 따라 역암, 이암, 사암, 석회암 등으로 분류할 수 있다.

과학 사고력

04 [모범답안]

- 화석은 모두 돌이다. → 송진에 빠져 굳어진 화석(호박)도 있고 얼음이 얼 때 얼음에 갇혀서 만들어진 매머드 화석도 있으므로 모든 화석이 돌은 아니다.
- 옛날 사람들이 만든 돌도끼나 토기도 화석이다. 고인돌도 화석이다. → 과거에 살았던 생물의 몸체나 흔적이 아니기 때문에 화석이 아니다.(유물이라고 한다.)
- 화석은 생물의 몸체가 반드시 남아 있어야 한다. → 공룡 발자국 화석과 같이 생물의 흔적이 남아 있는 것도 화석이다.

[해설]

화석이란 지질 시대에 살았던 생물의 몸체나 흔적이 암석이나 지층 속에 남아 있는 것으로, 주로 퇴적암에서 발견된다. 화석이 만들어지기 위해서는 생물의 몸체나 그 흔적이 퇴적물 위에 남겨져야 하며, 그것이 굳어진 뒤 나중에 다시 노출되어야 한다. 또한 토기나 고인돌처럼 과거에 살았던 생물의 몸체나 흔적이 아닌 것은 화석이 아니다.

05 [예시답안]

- 미리 암석을 채취할 수 있는 곳을 조사한다.
- 미리 교통편을 알아본다.
- 외딴곳이나 위험한 장소는 가지 않는다.
- 모둠원과 함께 이동하고, 각자 역할을 나눠 답사한다.
- 답사에 필요한 도구를 준비하고 사용법을 숙지한다.
- 선생님과 반드시 함께 가야한다.
- 망치로 암석을 채취할 때 다치지 않게 조심한다.
- 문화재나 유적지 및 자연 경관을 훼손하지 않도록 유의한다.
- 바닷가를 답사할 때는 물때를 확인한다.
- 비상 약품을 휴대한다.

[해설]

지질 답사는 야외 조사와 야외에서 얻은 암석에 대한 연구 등으로 이루어진다. 산, 바다, 강가의 절벽, 공사로 인하여 깎인 언덕, 산사태로 무너진 산비탈 등에서 지층이나 암석을 볼 수 있으며, 지질 답사를 할 때는 지층의 모습이나 암석 등을 그림으로 그리거나 사진을 찍어두고, 관찰한 특징을 관찰 기록장에 정리한다. 지질 답사는 지층에 들어 있는 화석과 지층이 쌓인 시대를 알 수 있고, 퇴적 환경을 밝히는 데 도움이 된다.

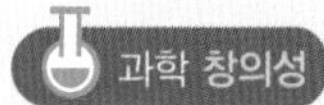

과학 창의성

06 [예시답안]

- 공룡은 알을 낳았다.
- 공룡은 발을 이용해 걸어 다녔다.
- 과거 한반도에는 공룡이 살았다.
- 공룡은 주로 한반도의 남쪽 지방에 살았다.
- 공룡이 한반도 전 지역에서 산 것은 아니다.
- 다리가 4개 이상 있었을 것이다.
- 공룡이 살기에 좋은 장소를 추측해 볼 수 있다.
- 한반도 남쪽 지방에는 공룡의 먹이가 많았을 것이다.

[해설]

우리나라에서 발견된 최초의 공룡 화석은 1972년 경남 하동군 수문동 해안에서 발견된 공룡 알 껍데기 화석이다. 그 이후 전남 및 경남 지역을 중심으로 공룡의 뼈, 알, 발자국 화석이 잇달아 발견되었다. 전라남도 해남 지역에서 발견된 익룡 발자국은 세계 최대이며, 세계에서 가장 긴 흔적이다. 전라남도 해남군 황산면 우항리 지역에서는 세계에서 드물게 익룡, 공룡, 새 발자국이 동일한 지층에서 발견되었다. 경상남도 남해군 해안에서는 세계에서 가장 작은 길이 1.27 cm의 소형 육식 공룡 발자국이 발견되었고, 경상남도 하동군에서 발견된 공룡 화석은 공룡의 종류를 알 수 있을 정도로 보존 상태가 양호하여 세계 공룡 목록에 등재되었다. 공룡 뼈 화석이 죽은 공룡의 모습을 간직한다면, 공룡 발자국 화석은 살아 있던 공룡의 모습을 짐작할 수 있게 해 준다. 공룡 발자국 화석을 통해 어떤 공룡이 있었는지, 공룡이 얼마나 컸는지, 얼마나 빨리 이동했는지, 집단으로 움직였는지 등을 짐작할 수 있다. 또한, 공룡 화석이 발견된 곳을 살펴보면 공룡이 살기에 좋은 장소를 추측해 볼 수 있다. 큰 호수가 있고, 호수 주변에는 먹이가 될 수 있는 동식물이 매우 다양하게 살던 곳이 공룡이 생활하기 좋은 환경이었을 것이다.
전 세계적으로 공룡이 쇠퇴하던 백악기 후기에도 한반도에서는 공룡이 번성하고 있어 한반도는 쇠퇴해 가던 공룡의 마지막 보금자리였다.

07 (1) [모범답안]

- 한반도 전체의 지질 분포를 알 수 있다.
- 지하자원 탐사에 활용될 수 있다.

[해설]

지질도는 지표면에 드러난 암석의 분포나 지질의 구조를 색채, 모양, 기호로 나타낸 지도로 대한지질도 역시 빨간색, 파란색, 연두색 등으로 지질 상태를 표기하였다. 대한지질도는 대한지질학회에 의해 제작되었는데, 이들이 제작한 대한지질도는 광복 직후 근대 학문의 하나로 지질학이 자리 잡는 역사를 보여주며 당시 지질 탐사와 관련 기술의 발전 정도를 보여준다는 점에서 역사적 의미를 가진다. 또한, 우리나라에서 최초로 제작된 1 : 100만 축적으로 한반도 전체의 지질 분포를 포괄하고 있다는 점에서 학술 가치와 희귀성을 가지고 있다. 현재 대전광역시 한국지질자원연구원에서 소장하고 있으며, 2014년 9월 2일 등록문화재 제604호로 지정되었고, 2020년 1월 30일 국가중요과학기술자료로 등록되었다. 국가중요과학기술자료 등록제는 과학기술에 관한 역사적 · 교육적 가치가 높고 후대에 계승할 필요가 있는 자료를 등록하여 보존 · 관리를 지원하고, 이를 통해 활용 가치를 높이는 제도로 2020년 총 12건이 처음으로 등록되었다.

(2) [예시답안]

- 지하자원 연구에 활용한다.
- 농업 및 지하수 개발에 활용한다.
- 건설 및 배수 시설물 설계에 이용된다.
- 화산이나 지진 등의 원인을 분석하는 데 활용한다.
- 산업시설, 도로, 항만 등을 건설하는 위치를 선정하는 데 활용한다.

[해설]

지질도는 지하자원 연구, 토목 공사, 농업 및 지하수 개발 등에 매우 중요하게 쓰인다. 대부분의 지질도는 등고선으로 지형의 고도를 나타낸 지형도 위에 작성된다. 지질도에는 야외 지질 조사로 알아낸 암석의 종류와 분포 상태, 지층의 주향(지층면과 수평면이 만나는 선)과 경사, 퇴적 순서, 단층, 절리, 광산의 위치, 화석의 산지 등 여러 가지 지질 정보들이 기록되어 있다. 환경부에서 공개한 '자연 발생 석면 광역지질지도'는 지질학적 문헌 조사와 개략적인 현장 실태 조사를 토대로 자연 발생 석면을 함유할 가능성이 있는 암석의 분포 현황을 1 : 5만으로 작성한 지도다. 이 지도는 개략적인 표시이기 때문에 실제 개발 사업 등을 진행할 때 석면이 분포하는지 파악하려면 시료 채취와 분석을 통해 직접 확인해야 한다.

2강 식물의 한살이

일반 창의성

01 [예시답안]

- 식물은 꽃을 피우고 열매를 맺는다.
- 씨가 싹 트는 데 알맞은 온도가 필요하다.
- 씨가 싹트는 데 공기가 필요하다.
- 씨가 싹 트는 데 적당한 양의 물이 필요하다.
- 씨가 싹 트는 데 햇빛은 반드시 필요하지 않다.
- 씨가 싹트고 자라 꽃을 피운 다음 열매를 맺고 죽는 과정을 식물의 한살이라고 한다.
- 식물의 한살이를 관찰하기 위해서는 한살이 기간이 짧은 식물이 좋다.
- 식물의 열매 속에는 씨가 들어 있다.
- 식물의 잎은 햇빛을 받아 양분을 만든다.
- 식물은 자라면서 잎이 커지고 줄기가 길어진다.
- 햇빛이 비치는 곳은 그늘진 곳보다 공기의 온도가 높다.
- 식물이 잘 자라기 위한 조건으로 햇빛, 물, 온도 등이 필요하다.
- 식물은 뿌리, 줄기, 잎, 꽃과 열매로 이루어져 있다.
- 애기똥풀이란 꽃의 줄기를 누르면 노란색 물이 나오는 것을 관찰 할 수 있다.
- 식물은 뿌리, 줄기, 잎, 꽃, 열매 등으로 이루어져 있다.

과학 사고력

02 [모범답안]

강낭콩 씨앗이 물에 잠기면 공기가 통하지 않기 때문에 싹이 트지 않고 썩는다.

[해설]

씨가 싹 트기 위해서는 적당한 양의 물, 공기, 알맞은 온도가 필요하다. 적정 온도와 수분이 유지되면 물을 흡수한 씨앗은 점점 부풀어 오르고, 일정 시간이 지나면 껍질을 터트리고 싹을 틔운다. 그러나 물속에 잠긴 씨앗은 공기(산소)가 부족하여 썩게 된다.

과학 사고력

03 [모범답안]

• 검은 비닐로 덮어 흙에 포함된 수분이 증발하는 양을 줄일 수 있다.
• 모종 주변에 비닐이 덮여 있어 햇빛이 닿지 않으므로 잡초 등 다른 식물이 잘 자라지 못하게 한다.
• 땅의 온도를 높여 식물이 잘 자랄 수 있게 한다.

[해설]

비닐로 땅의 면을 덮어주는 방법을 비닐 멀칭이라고 한다. 흙 속의 수분을 유지하고 온도를 높여 주며 잡초가 자라지 않게 하여 모종의 발달을 돕는 효과가 있다. 또한 장마 등에 흙의 유실을 막고, 흙 속의 병균이 작물에 튀는 것을 방지하는 역할도 있다. 최근에는 화학 재료로 만들어진 비닐로 멀칭을 하면 맛이 떨어진다는 주장과 환경에 대한 염려로 볏짚이나 나무껍질 등을 이용하여 멀칭하거나 멀칭을 하지 않는 곳도 있다.

과학 사고력

04 [모범답안]

식물	겨울을 보내는 방법
단풍나무	• 추위를 덜 타는 가지와 줄기, 뿌리만 남기고 잎을 모두 떨어뜨린다.
목련	• 여러 장의 비늘잎이 겹겹이 싸여 추위를 견딘다.
민들레	• 눈을 땅 위에 조금 내놓은 채 시든 뿌리잎으로 추위를 난다. • 잎을 땅바닥에 낮게 깔고 뿌리가 얼지 않도록 땅 속 깊숙이 뿌리를 내려 겨울을 난다.

[해설]

여러 해 동안 죽지 않고 식물의 한살이가 여러 해 동안 일어나는 식물을 여러해살이 식물이라고 한다. 단풍나무, 참나무와 같은 식물은 잎을 모두 떨어뜨려 겨울을 나고, 목련, 개나리, 사과나무 등은 비늘잎으로 겨울을 난다. 민들레와 엉겅퀴 등은 뿌리잎으로 겨울을 난다. 이밖에 우엉이나 인삼처럼 땅속에 묻힌 뿌리로 겨울을 나는 식물도 있다.

과학 창의성

05 [예시답안]

- 씨앗에 물이 닿지 않게 한다.
- 씨앗에 공기가 닿지 않게 한다.
- 창고의 온도를 낮게 유지한다.
- 공기 중의 습도를 낮춘다.
- 씨앗을 보관하는 곳의 문을 자주 열어 물방울이 맺히지 않게 한다.

[해설]

씨가 싹 트는 데는 적당한 양의 물과 알맞은 온도, 공기(산소)가 필요하다. 이 중 한 가지라도 부족하면 씨앗이 싹 트지 않는다.

과학 창의성

06 [예시답안]

- 줄기에 자와 유성 펜으로 2 mm 간격의 선을 긋고 선의 간격을 2~3일 간격으로 잰다.
- 잎에 자와 유성 펜으로 0.5 cm 간격의 격자 모양을 그려 넣고 격자 모양의 간격을 2~3일 간격으로 잰다.
- 줄기의 가장 두꺼운 곳을 유성 펜으로 표시하고, 줄자를 이용해 2~3일 간격으로 둘레를 잰다.
- 자로 새순이 난 바로 아래까지의 줄기의 길이를 2~3일 간격으로 잰다.
- 자로 잎의 가장 긴 부분의 길이를 2~3일 간격으로 잰다.

[해설]

식물이 자라면서 달라지는 것에는 잎의 개수와 크기, 줄기의 굵기와 길이, 가지의 개수와 크기 등이 있다.

융합 사고력

07 (1) [모범답안]

화학 약품 처리를 하거나 유전자 조작을 하기 때문이다.

[해설]

F1 씨앗은 자기 세대에서는 여러 가지 우수한 특징만 나타나지만 이 식물에서 얻은 씨앗을 다시 심으면 후대로 내려갈수록(F2, F3, …) 발아율이 떨어지거나, 우수한 형질이 나타나지 않거나, 열매를 맺지 않거나, 수확량이 떨어지는 경우가 대부분이다. 서로 다른 유전자를 가진 식물을 교배하여 만든 새로운 종류의 식물은 세대를 거듭할수록 많은 유전자가 섞여 다양해지므로 우수한 부모의 특징이 후대에 그대로 전달되지 않거나 부모 세대에서 나타나지 않았던 우수하지 않은 특징이 나타나기 때문이다. 다음 세대에서 싹이 나지 않는 터미네이터 씨앗 외에도 종자 기업이 만든 특정 약품(농약, 비료)을 같이 사용해야만 발아가 되거나 생육이 되는 트레일러(trailer) 씨앗이 있다. 대표적으로 몬산토 기업의 유전자 조작 작물인 콩과 옥수수의 품종인라운드업 레디(round up ready)를 재배하려면 라운드업(round up) 제초제를 같이 사용해야 한다. 이는 다른 기업이 만든 농약이나 비료는 맞지 않도록 씨앗의 유전자를 조작했기 때문이다.

(2) [예시답안]

- 새 품종의 맛, 색, 질감 등을 고려해 음식으로 섭취할 수 있어야 한다.
- 병과 해충에 대한 저항성을 고려해야 한다.
- 기후 변화에 잘 적응할 수 있는지 고려해야 한다.
- 폭염, 가뭄, 서리, 염해 등 재해에 대한 적응성을 고려해야 한다.
- 사람이나 가축이 먹기 위한 것이므로 영양학적 가치를 고려해야 한다.
- 육종 기술의 복잡성, 소요 기간, 비용 등을 고려해야 한다.
- 무조건 많이 생산하는 것이 아니라 안정적으로 생산이 가능한지 고려해야 한다.
- 생산되는 작물이 생물 생장에 필요한 물이나 토양을 보존할 수 있는지 고려해야 한다.
- 유전적 다양성을 보존할 수 있는지 고려해야 한다.

[해설]

육종이란 인간이 원하는 형태로 작물을 개선(진화 또는 변형)하는 것이다. 육종 연구는 식량, 섬유질, 사료, 산업용 작물을 영양은 풍부하면서 더 많이 생산할 수 있는 씨앗을 만드는 것으로 급증하는 인구를 먹여 살릴 식량 생산성 증대에 기여했다. 우장춘 박사는 우리나라의 대표적인 육종학자로 1936년 '배추속(屬) 식물에 관한 게놈 분석'이라는 논문을 통해 종은 달라도 같은 속의 식물을 교배하면 전혀 새로운 식물을 만들 수 있음을 입증했다. 당시까지만 해도 같은 종끼리만 교배할 수 있다는 것이 학계의 정설이었다. 광복 이후 우장춘 박사는 기후가 온화하고 장마가 빨라 좋은 종자를 생산하기 어려운 제주도에 감귤 재배를 권장했다. 이후 제주도는 우리나라 최고의 감귤 생산지가 되었다. 또한, 맛 좋고 병에 강한 배추와 무 품종을 만드는 데 성공했으며 바이러스에 쉽게 감염됐던 강원도 감자의 품종을 개량해 세계적으로 맛 좋고 튼튼한 강원도 감자를 생산했다.

3강 물체의 무게

01 [예시답안]

- 눈이 높다. : 좋은 것만 찾는다, 보는 수준이 높다.
- 눈이 낮다. : 보는 수준이 낮다.
- 눈이 밝다. : 주변을 잘 살핀다, 사리분별을 잘 한다.
- 눈이 어둡다. : 주변을 잘 살피지 못한다, 쉬운 사실도 잘 알지 못한다.
- 코가 높다. : 자존심이 세다.
- 코가 낮다. : 자존심이 낮다.
- 입이 무겁다. : 말수가 적다, 이야기를 함부로 옮기지 않는다, 비밀을 잘 지킨다.
- 입이 가볍다. : 소문을 잘 낸다, 말이 많고 수다스럽다.
- 귀가 어둡다. : 남의 말을 잘 이해하지 못한다, 소식이나 정보를 잘 모른다.
- 귀가 밝다. : 소식이나 정보에 빠르다.
- 손이 크다. : 씀씀이가 후하다, 인색하지 않다, 수단이 좋고 많다.
- 손이 작다. : 씀씀이가 깐깐하고 작다, 수단이 적다.
- 발이 넓다. : 아는 사람이 많아 활동 범위가 넓다.
- 발이 좁다. : 아는 사람이 적거나 관계가 좁다.
- 머리가 크다. : 지식이 많다, 식견이 넓다.
- 머리가 무겁다. : 기분이 좋지 못하다, 신경 쓸 일이 많다, 머리가 아프다.
- 머리가 가볍다. : 마음이나 몸의 상태가 개운하고 상쾌하다, 지식이 없거나 얕다.
- 어깨가 무겁다. : 무거운 책임을 져서 부담이 크다.
- 어깨가 가볍다. : 무거운 책임에서 벗어나 마음이 홀가분하다.
- 엉덩이가 가볍다. : 참을성이 적다.

과학 사고력

02 [모범답안]

큰 공 2개와 작은 공 3개의 무게는 200 g(①)이고,
큰 공 1개와 작은 공 2개의 무게는 110 g(②)이다.
①에서 ②를 빼면 큰 공 1개와 작은 공 1개의 무게는 90 g(③)이다.
②에서 ③을 빼면 작은 공 1개의 무게는 20 g이고, 큰 공 1개의 무게는 70 g이다.
따라서 작은 공 1개의 무게는 20 g, 큰 공 1개의 무게는 70 g이다.

[해설]

200 g − 110 g = 90 g

110 g − 90 g = 20 g

90 g − 20 g = 70 g

과학 사고력

03 [모범답안]

- A를 받침점 쪽으로 옮겨 수평을 맞춘다.
- B를 받침점으로부터 멀리하여 수평을 맞춘다.
- B가 올려진 곳 쪽에 작은 물체를 하나 더 올려 수평을 맞춘다.
- A와 B를 동시에 수평대에서 내려놓는다.

[해설]

수평대 양쪽 같은 지점에 두 물체를 각각 올렸을 때 왼쪽으로 기울었으므로 A가 B보다 무겁다. 무게가 다른 두 물체를 수평대에 올려 수평을 맞추려면 무거운 A는 받침점으로부터 가까이, 가벼운 B는 받침점으로부터 멀리 놓아야 한다.

과학 사고력

04 [모범답안]

- 더 무거운 쪽 : 오른쪽
- 이유 : 양쪽 무게가 다른 경우 받침점에서 가까운 쪽의 무게가 더 무겁다.

[해설]

물체가 어느 쪽으로도 기울어지지 않고 평형을 이룬 상태를 수평이라고 하며, 물체가 평형을 이루게 하는 것을 수평 잡기라고 한다. 무게가 다른 물체로 수평을 잡으려면 무거운 쪽을 축(받침점)에 더 가깝게 해야 한다.

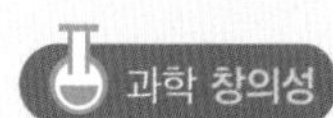

과학 창의성

05 [예시답안]

- 용수철을 더 세게 누르거나 더 압축한다.
- 탁구공 속에 공기보다 가벼운 기체를 넣는다.
- 공 앞에 종이 고깔을 붙여 공기 저항을 줄인다.
- 더 두껍고 강한 용수철을 사용한다.
- 더 촘촘하게 많이 감고 긴 용수철을 사용한다.
- 공을 꾹 눌렀다가 놓을 때 손을 빠르게 놓는다.

[해설]

용수철이 압축되었다가 원래 상태로 돌아오는 과정에서 공이 튀어 나간다. 공이 더 멀리 나가기 위해서는 공이 받는 힘을 크게 하거나 공을 가볍게 해야 한다. 또한, 공기 저항을 줄이는 방법도 공이 더 멀리 나가게 하는 방법이다.

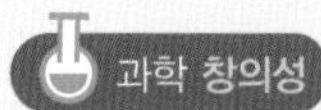

06 [예시답안]

- 건강검진을 할 때 몸무게를 잰다.
- 택배를 보낼 때 무게를 확인한다.
- 등기 우편을 보낼 때 무게를 확인한다.
- 요리할 때 재료의 양을 측정한다.
- 트럭이나 배에 실을 수 있는 짐의 무게를 잰다.
- 고기, 과일, 채소 등을 살 때 무게를 잰다.
- 과학 실험을 할 때 약품의 무게를 잰다.
- 태권도, 권투 등의 시합을 하기 전에 몸무게를 재서 체급을 나눈다.
- 엘리베이터에서 탑승자의 몸무게를 측정하여 무게가 초과되면 경고음이 울린다.
- 도로에서 과적을 단속하기 위해 화물차의 무게를 측정한다.
- 과일, 채소, 고기, 과자 등을 포장할 때 무게를 측정한다.
- 음식물 쓰레기를 버릴 때 무게를 재고, 무게만큼 요금을 낸다.
- 쌀 등 곡류를 덜어서 팔 때 무게를 확인한다.

07 (1) [모범답안]

드론의 다각도 촬영과 분석을 통해 야생 고래의 부피를 계산한 후 과거 고래 자료와 비교하여 무게로 변환한다.

[해설]

드론의 다각도 촬영과 분석 기법을 통해 물체의 부피를 측정할 수 있다. 과거 고래 자료를 통해 고래의 부피에 따른 체중의 상관관계를 파악하면 고래의 부피로 고래의 체중을 구할 수 있다.

(2) [예시답안]

- 양계장에서 닭의 출하 시기를 정할 때 닭의 무게를 측정하는데 닭의 부피로 무게를 측정하면 닭이 받는 스트레스도 적고 인건비도 줄일 수 있다.
- 돼지, 소, 양, 오리 등 가축의 부피를 측정하여 건강 상태를 확인한다.
- 야생 동물 구조 센터에서는 동물들의 체중을 매일 측정하여 건강을 체크하는데 이때 동물을 움직이지 못 하게 한 후 박스나 케이지에 넣어 무게를 측정한다. 이를 부피를 활용한 무게 측정 방법으로 변경한다.
- 비행기나 선박 탑승 시 사람이나 수하물을 스캔하여 부피로 무게를 계산해 전체 탑승객과 수하물의 무게를 구한다.
- 부피가 일정한 그릇을 이용하여 음식의 무게를 계산해 가격을 정하여 판다.

4강 혼합물의 분리

일반 창의성

01 [예시답안]

혼합물－물질－질문－문화재－재활용－용기－기분－분리－리모콘－콘서트－트라이앵글－글자－자석

[해설]

끝말잇기는 한 사람이 단어를 말하면 다음 사람이 그 단어의 끝 글자로 시작하는 다른 단어를 말하는 놀이이다.

① 보민이가 '혼합물'이라는 단어를 사용했으므로 서율이는 '물□'를 사용했을 것이다.
→ (보민－서율) 혼합물－물□

② 서율이가 사용한 '분리' 앞에는 '□분'을 사용했을 것이다.
→ (보민－서율) □분－분리

③ 보민이가 사용한 모든 단어 중에 '리'로 시작하는 단어가 없으므로 '분리'를 가장 마지막에 사용했을 것이다.

④ 서율이가 사용한 '문화재' 뒤에는 재활용, '재활용' 뒤에는 '용□'을 사용했을 것이다.
→ (서율－보민－서율) 문화재－재활용－용□

⑤ 서율이가 사용한 '질□'은 '물□'과 문화재 사이에 사용했을 것이다.

①		⑤	④			②, ③	
보민	서율	보민	서율	보민	서율	보민	서율
혼합물	물□	질□	문화재	재활용	용□	□분	분리

따라서 두 사람의 끝말잇기에 나온 단어는 순서대로 혼합물－물질－질문－문화재－재활용－용기－기분－분리이다.

과학 사고력

02 [모범답안]

미세먼지가 필터에 달라 붙어(흡착되어) 보건용 마스크를 통과할 수 없기 때문이다.

[해설]

일반적으로 보건용 마스크는 일반 섬유보다 매우 가는 나노 섬유로 만들며, 미세한 섬유 가닥을 랜덤하고 촘촘하게 배열한다. 헝클어져 있는 미세한 가닥에는 규칙적으로 정돈된 것보다 미세먼지가 더 잘 달라붙는다. 최근 만들어지는 공기 정화 필터들도 대부분 랜덤 구조의 필터로 이루어져 있다. 또한 보통 보건용 마스크는 3~4겹의 필터로 이루어져 있는데 이중 정전기 처리가 된 필터에서는 정전기로 미세먼지를 흡착하여 미세먼지를 막는다. 보건용 마스크를 비누로 손세탁하면 필터 조직이 물리적으로 손상되고, 정전기 흡착 능력이 떨어져 세탁 전보다 미세먼지 차단 능력이 감소한다.

과학 사고력

03 [예시답안]

- 준비물 : 자석, 물, 비커, 유리막대, 거름종이, 깔때기, 증발접시, 알코올램프, 체
- 분리 과정
  - 1단계 : 자석을 이용하여 철가루를 분리한다.
  - 2단계 : 모래, 소금, 톱밥의 혼합물에 물을 넣고 체로 물 위에 뜬 톱밥을 분리한다.
  - 3단계 : 모래, 소금, 물의 혼합물을 거름 장치로 걸러 모래를 분리한다.
  - 4단계 : 거름 장치에서 걸러진 소금물을 증발접시에 넣고 알코올램프로 가열하여 물을 증발시켜 소금을 분리한다.

[해설]

혼합물은 여러 가지 섞여 있는 물질의 성질이 없어지지 않으므로 각 물질의 성질을 이용하면 분리할 수 있다. 철가루는 자석에 붙고, 소금은 물에 녹는다. 모래는 물에 녹지 않고 가라앉으며, 톱밥은 물에 녹지 않고 뜨는 성질이 있다.

04 [모범답안]

- 끓인 콩물 거르기 : 알갱이의 크기 차이를 이용하여 콩 찌거끼와 콩물을 분리한다.
- 간수 넣기 : 콩물에서 우러난 단백질을 뭉치게 한다.
- 두부 틀에 콩물 붓고 거르기 : 알갱이의 크기 차이를 이용하여 두부와 물을 분리한다.

[해설]

두부는 콩에서 단백질을 분리하여 굳힌 식품이다. 두부 만들기 과정에서 콩물을 끓이는 이유는 콩에서 콩 단백질을 빼내기 위해서이고 끓인 콩물을 헝겊에 거르면 헝겊 위에는 콩 찌꺼기인 비지가 남고, 헝겊을 빠져나가는 물질은 콩에서 빠져나온 콩 단백질과 물(콩물)이다. 콩물에 간수를 넣으면 흰 물질이 엉겨서 덩어리가 생기는데, 이는 콩물에 들어 있는 단백질이 간수에 의해 덩어리로 뭉친 것이다. 덩어리가 생긴 콩물을 헝겊으로 거르면 물에 녹지 않는 덩어리는 헝겊 위에 남고, 물에녹는 물질은 헝겊을 빠져나간다. 두부를 만드는 과정에서는 알갱이 크기 차이와 추출을 이용해 혼합물을 분리한다.

05 [예시답안]

- 소금물은 혼합물이다. 왜냐하면 물과 소금이 섞여 있기 때문이다.
- 김치는 혼합물이다. 왜냐하면 배추와 무, 파, 고춧가루 등이 섞여 있기 때문이다.
- 쓰레기통 속의 쓰레기는 혼합물이다. 왜냐하면 다양한 물체나 물질이 섞여 있기 때문이다.
- 바닷물은 혼합물이다. 왜냐하면 바닷물에서 소금을 분리할 수 있기 때문이다.
- 우유는 혼합물이다. 왜냐하면 우유 속에서 단백질을 분리할 수 있기 때문이다.
- 흙탕물은 혼합물이다. 왜냐하면 물과 흙 등이 섞여 있기 때문이다.

[해설]

두 가지 이상의 물질이 서로 섞여 있는 것을 혼합물이라고 한다.

06 [예시답안]

- 에어컨 여과기 : 공기 중의 먼지를 분리한다.
- 정수기 여과기 : 물속 오염물질을 분리한다.
- 녹차 티백 우리기 : 물이 차의 성분을 추출한다.
- 드립 커피 : 물이 커피의 성분을 추출한다.
- 방충망 : 창문을 통해 벌레가 들어오지 못하게 한다.
- 하수구 거름망 : 물은 빠져나가고, 머리카락 등의 물질은 거른다.
- 세탁기 탈수 : 물과 옷을 분리한다.
- 청소기 필터 : 먼지를 분리한다.
- 체 : 면을 삶은 후 체에 거르면 물과 면을 분리한다.
- 공기 청청기 필터 : 공기 중의 먼지를 분리한다.
- 참기름 짜기 : 참깨에서 기름을 분리한다.
- 두부 만들기 : 콩에서 단백질을 분리하여 두부를 만든다.

융합 사고력

07 (1) [모범답안]

나노 섬유 막은 물과 아주 친한 성질을 갖고 있어서 기름은 뚫고 지나가기 어렵고, 물만 통과할 수 있다.

[해설]

나노 섬유 막은 물과 아주 친한 성질을 갖고 있어 물은 막을 둘러싸고 막을 통과하여 이동할 수 있지만 기름은 물로 둘러싸인 막을 뚫고 지나갈 수 없다.

(2) [예시답안]

- 생활하수에 포함된 기름으로 하수관이 막히거나 하수처리가 원활하게 되지 않는 경우가 많으므로 생활하수에 포함된 기름을 분리 제거할 수 있는 시설을 만든다.
- 기름과 화학물질이 섞인 산업용 폐수에서 기름을 분리 제거할 수 있는 시설을 만든다.
- 국자 형태로 만들어 찌개나 국 요리를 할 때 표면에 떠오르는 기름을 제거하는 용도로 활용한다.

[해설]

지금까지 기름이 바다에 유출되면 기름이 퍼지는 것을 막기 위해 오일펜스를 활용하거나 분산제를 뿌려 기름 입자를 바다 밑으로 가라앉게 하는 방법을 주로 사용해왔다. 오일펜스는 해수 흐름, 바람, 파도 등 환경에 영향을 받고 분산제도 화학 약품이므로 환경오염 문제가 있었다. 그러나 나노 섬유 막 기술은 강력한 내화학성, 친수성, 수중 초발유성 등 성질로 기름에 쉽게 오염되지 않고 중력만으로도 반복해서 물과 기름을 빠르게 분리할 수 있는 장점이 있다. 지금까지 연구한 기술 가운데 가장 빠른 분리 속도로 앞으로 상용화하면 해양오염과 같은 촌각을 다투는 물 · 기름 분리 처리에 유용하게 활용할 것으로 기대한다.

5강 식물의 생활

일반 창의성

01 [예시답안]

- 전망대 : 전망대를 감아 올라가게 만들면 계단을 이용하지 않고 경사면을 이용해 꼭대기로 올라갈 수 있다.
- 컵 홀더 : 철사를 감아 올라가게 만들어 그 안에 컵을 끼워 고정한다.
- 옷걸이 홀더 : 옷을 거는 부분을 동그랗게 만들어 좁은 공간에서도 옷걸이를 걸 수 있다.
- 책꽂이 : 키에 따라 눈높이에 맞는 책을 꽂을 수 있다. (예 : 낮은 곳에는 동생 책을 꽂고, 높은 곳에는 언니 책을 꽂는다.)
- 드릴 스텝 : 강도를 높여 고정할 수 있다.
- 나선형 주차장 : 공간 활용에 효율적이고 자동차가 천천히 이동하므로 사고를 예방할수 있다.
- 우산꽂이 : 장우산, 2단 우산, 3단 우산 등 길이에 맞게 우산을 꽂을 수 있다.
- 화분 걸이 : 철사를 감아 올라가게 만들어 그 안에 화분을 넣고 공중에 걸어둔다.

▲ 전망대

▲ 컵 홀더

▲ 옷걸이

▲ 책꽂이

[해설]

다른 식물이나 물체를 감아 올라가면서 자라는 줄기를 감는줄기라고 한다. 이러한 식물의 줄기는 똑바로 서는 식물의 줄기에 비해 가늘고 약하며, 속이 비어있는 경우가 많다. 이들은 식물이 자라는 데 필요한 햇빛을 받기 위해 다른 식물이나 물체를 감고 올라간다.

02 [예시답안]

이름	특징	살아가는 데 이로운 점
오이	덩굴손	작은 잎이 덩굴손으로 변하여 주변의 물체를 휘감으면서 자란다.
부레옥잠	공기 주머니	잎자루의 빈 곳에 공기를 저장하고 있어 물 위에 떠 있을 수 있다.
바오밥나무	키가 크고 굵은 줄기	키가 크고 줄기가 굵어서 물을 많이 저장할 수 있다.
개구리밥	물속에 늘어진 뿌리	뒤집히지 않도록 균형을 잡는다.
검정말	가늘고 약한 줄기와 잎	물속에 잠겨서 살기 좋다.
소나무	타감 물질 분비	다른 식물이 자라는 것을 억제한다.
파리지옥	냄새와 자극털	냄새로 곤충을 유인하고 자극털에 닿으면 잡아먹는다.
끈끈이 주걱	끈적한 액체 분비	작은 벌레가 붙으면 서서히 소화시켜 양분으로 흡수한다.

03 [모범답안]

식물의 잎이 햇빛을 최대한 많이 받을 수 있도록 배열되어 있다.

[해설]

식물의 잎이 줄기에 달린 모양을 잎차례라고 한다. 식물의 잎은 햇빛을 이용하여 양분을 만든다. 잎이 난 자리 바로 위에 잎이 또 생기면 아래쪽 잎은 햇빛을 받기 어려우므로 빛을 최대한 많이 받을 수 있도록 배열되어 있다.

과학 사고력

04 [모범답안]

잎맥이 없고 잎사귀가 쉽게 구부러지므로 바닷물이 움직여도 쉽게 찢어지지 않는다.

[해설]

미역, 다시마 등 바닷속에서 사는 식물을 해조류라고 한다. 해조류는 육지 식물과 비슷한 모습으로 아래쪽에 뿌리가 있고 잎사귀가 있다. 뿌리는 물과 양분을 흡수하는 것이 아니라 바위나 땅위에 붙어 있는 역할을 한다. 잎사귀에는 물과 양분이 이동하는 통로가 없어 부드럽고 구부러지기 쉬우며 잎사귀를 통해 물에 녹아 있는 양분을 얻고 빛을 받아 광합성을 하여 양분과 산소를 만든다.

과학 창의성

05 [예시답안]

- 식물이 사는 곳은 어디일까?
- 식물이 사는 곳의 환경은 어떤 특징이 있을까?
- 잎은 어떤 모양일까?
- 잎이 줄기에 붙어 있는 모양은 어떨까?
- 꽃은 어떤 모양이며 무슨 색깔일까?
- 꽃은 언제필까?
- 식물의 크기는?
- 꽃잎의 장수는?
- 줄기의 굵기는?
- 다른 꽃과 공통점과 차이점은 어떤게 있을까?
- 수집한 식물은 어떤 종에 속할까?

[해설]

식물을 관찰할 때는 식물을 함부로 꺾거나 채집하지 않고, 그림을 그리거나 사진을 찍어 기록해야 하며, 식물을 뽑아 다른 곳에 옮겨 심지 않아야 한다. 또한 모르는 식물은 함부로 냄새를 맡거나 입에 넣지 않아야 하고, 식물을 관찰한 다음에는 비누로 손을 깨끗이 씻어야 한다.

과학 창의성

06 [예시답안]

- 무궁화는 나무이고, 벼는 풀이다.
- 무궁화는 여러해살이 식물이고, 벼는 한해살이 식물이다.
- 무궁화는 줄기가 굵고, 벼는 줄기가 가늘다.
- 무궁화는 가지 수가 많고, 벼는 가지 수가 적다.
- 무궁화는 비교적 키가 크고, 벼는 비교적 키가 작다.
- 무궁화는 관상용으로 이용하고, 벼는 식용으로 이용한다.
- 무궁화꽃은 비교적 크고, 벼꽃은 비교적 작다.
- 무궁화 잎은 그물맥이고, 벼 잎은 나란히맥이다.
- 무궁화는 쌍떡잎식물이고, 벼는 외떡잎식물이다.
- 무궁화는 정원, 도로변 등에서 볼 수 있고, 벼는 논에서 볼 수 있다.
- 무궁화는 원뿌리이고, 벼는 수염뿌리이다.
- 무궁화 주위에는 벌과 나비가 많지만, 벼 주위에는 벌과 나비가 없다.

[해설]

무궁화와 벼는 뿌리, 줄기, 잎이 있으며 햇빛을 이용해 양분을 만드는 식물이다. 하지만 무궁화는 나무에 속하고, 벼는 풀에 속한다. 일반적으로 나무는 풀과 비교해 비교적 키가 크고, 줄기가 굵으며, 가지 수가 많고, 여러 해를 산다. 반면에 풀은 한두해살이 식물로 나무와 비교해 비교적 키가 작으며 줄기가 가늘고 가지수가 적다. 또한 무궁화는 쌍떡잎식물이고, 벼는 외떡잎식물이다.

융합 사고력

07 (1) [모범답안]

낮은 온도와 건조한 환경에서 벼의 생존율을 높인다.

[해설]

남극좀새풀은 최적 생육온도가 13 ℃이지만 0 ℃에서도 30 %의 광합성 능력을 유지할 수 있을 정도로 저온에서의 적응력이 매우 높고, 결빙방지 단백질 유전자(세포손상 방지 효과)를 가지고 있다. 그 동안 겨울철 추위에 강한 밀과 보리의 유전자를 작물에 도입한 시도가 다수 보고됐으나 유전자 도입 이후 생장이 느려지거나 개체가 작아지는 왜소발육증, 꽃이 피는 시기가 늦어지는 등 작물 생산성이 감소하는 부작용이 있는 경우가 많았다. 그러나 남극좀새풀 유전자는 도입해도 벼의 생육에는 아무런 영향이 없었다. 연구팀은 이번 연구 성과를 통해 극지 식물의 유전자원을 활용하여 냉해 피해를 보기 쉬운 농작물의 생산성 향상에 기여할 수 있는 잠재적 가치를 확인했다.

(2) **[예시답안]**

- 수술용 혈액에 비동결 단백질을 활용하여 오랜 기간 보관하는 데 사용한다.
- 아이스크림에 비동결 단백질을 활용하여 아이스크림을 더 부드럽게 만든다.
- 냉동 식품에 비동결 단백질을 활용하여 얼음 결정이 생기지 않게 한다.
- 수술이나 연구를 위해 세포를 냉동 보관할 때 비동결 단백질을 활용한다.
- 화장품에 세포 손상을 방지하는 항산화 물질을 넣는다.
- 건강 음료나 기능성 식품에 항산화 물질을 넣는다.

[해설]

극지방의 극한 환경에서 생존하는 생물에서 추출한 물질을 이용하여 냉해에 강한 벼 품종을 개발하고 장기이식, 줄기세포 냉동 보관에 활용할 수 있는 보존제 등을 만드는 한편 방부제를 쓰지 않는 화장품이나 결빙 방지 아이스크림 제조에도 활용하고 있다. 혈액은 얼거나 녹는 과정에서 생성되는 얼음이 적혈구 세포를 파괴하기 때문에 냉동 보관이 어려워 의료 현장에서 보관과 수급이 어려운데, 극지 해양미생물로 만든 냉동 보존제를 사용하면 혈액을 6개월간 장기 보관할 수 있다. 또한 극지 생물에서 추출한 결빙 방지 단백질을 활용해 장기나 줄기세포 보존제로 활용할 수 있다. 이 보존제를 사용하면 줄기세포나 장기를 보관할 때 온도를 −100 ℃ 이하로 떨어뜨린 뒤 나중에 사용하기 위해 녹여야 할 때 얼음 결정이 만들어지면서 장기나 세포 등이 파괴되는 문제를 해결할 수 있다. 다국적 식품회사 유니레버는 북극 물고기에서 비동결 단백질을 대량 분리해낸 뒤 이를 아이스크림에 첨가해 판매한다. 아이스크림 맛을 높이기 위해 지방을 넣으면 어는점이 높아지면서 얼음 알갱이가 생긴다. 하지만 비동결 단백질을 넣으면 어는점이 낮아져 아이스크림에 얼음이 생기는 것을 막아 부드러움을 오랜 기간 유지해준다. 또한 남극 바위에 붙어사는 라말리나에서 항산화 성질이 뛰어난 '라말린'이라는 물질을 추출해 화장품에 적용했다. 남극 식물은 해안가 바위에 붙어 강한 자외선을 받는 만큼 스스로 산화 물질을 제거하는 항산화 물질을 만들어낸다. 라말리나에서 분리해낸 라말린은 비타민C보다 50배 이상 높은 항산화 효과를 갖고 있다. 추운 곳에서 살아남기 위해 힘겹게 진화해 온 극지 생물자원이 향후 인류의 생명을 살리는 데 활용될 수 있을 것으로 기대된다.

6강 물의 상태 변화

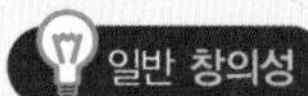

01 [예시답안]

- 0 ℃가 되면 어는 것은?
- 100 ℃가 되면 끓는 것은?
- 사람의 몸의 70 %를 이루고 있는 것은?
- 목이 마를 때 마시는 것은?
- 얼음이 녹으면 되는 것은?
- 라면을 끓일 때 가장 먼저 냄비에 넣어야 하는 것은?
- 설거지할 때 가장 많이 쓰는 것은?
- 수증기가 응결하면 되는 것은?
- 수도꼭지를 열면 나오는 것은?
- 지구 표면에 가장 많은 것은?
- 고체 상태로 변할 때 부피가 커지는 것은?
- 우리나라는 □ 부족 국가이다. □에 들어갈 말은?
- 염전에서 □이 증발하면 소금을 얻을 수 있다. □에 들어갈 말은?
- 수영장에 가득 담겨 있는 것은?
- 세수를 하거나 샤워를 할 때 가장 많이 사용하는 것은?

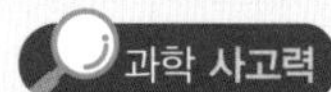

02 [모범답안]

선풍기 바람을 쐰 얼음이 더 빨리 녹는다. 선풍기를 틀면 얼음보다 온도가 높은 공기가 계속 공급되어 공기 중에 둔 얼음보다 빨리 녹는다.

[해설]

여름에는 얼음보다 공기의 온도가 높다. 얼음 주위에 있는 차가운 공기를 선풍기 바람이 밀어내고 온도가 높은 공기가 계속 공급되어 공기 중에 둔 얼음보다 빨리 녹는다. 반대로 공기의 온도가 낮은 겨울이나 냉동고 안에서는 바람을 쐬면 얼음이 더 꽁꽁 언다.

과학 사고력

03 [예시답안]

액체, 수증기가 응결하여 작은 물방울로 변한 것이 흰 연기처럼 보이기 때문이다.

[해설]

스팀다리미 주변의 흰 연기처럼 보이는 것은 김이다. 김은 뜨거운 수증기가 냉각되어 작은 물방울로 변한 것이며, 작은 물방울은 빛을 산란시켜 하얗게 보인다. 수증기는 색깔이 없어 눈에 보이지 않는다.

과학 사고력

04 [모범답안]

햇빛을 받으면 흙탕물 속 물이 증발하여 수증기가 되고, 수증기는 투명한 천장에 닿아 응결하여 물로 상태가 변하여 저장고에 모인다.

[해설]

솔라 볼은 흙탕물이 들어 있는 부분과 응결하여 깨끗해진 물이 모이는 부분이 분리되어 있다. 증발한 수증기가 구멍을 통해 물이 모이는 곳으로 빠져나간 후 응결되기 때문에 흙탕물과 섞이지 않고 깨끗한 물만 분리된다. 또한 오염 물질은 바닥에 있는 검은 구멍으로 침전된다. 따라서 일정한 시간이 지나면 정수기 안의 저장고에는 깨끗한 물만 남는다.

과학 창의성

05 [예시답안]

- 기포가 올라와 터진다.
- 물 표면이 부글거린다.
- 하얀색 김이 올라와 사라진다.
- 보글보글 끓는 소리를 들을 수 있다.
- 물의 내부에서 아지랑이 같은 것이 보인다.
- 기포가 올라올수록 크기가 커진다.
- 물의 양이 줄어든다.

[해설]

물이 끓을 때 물의 내부에서는 아지랑이 같은 것이 보이고, 기포가 생겨 위로 올라간다. 올라간 공기 방울은 물 표면에서 터지고, 물 표면은 부글거리며 하얀색 김이 올라와 사라진다. 또한, 물이 활발하게 끓을 때 유리판을 대어 보면 유리판에 물방울이 맺히며, 물이 끓으면 물이 수증기로 변하여 공기 중으로 날아가기 때문에 물의 높이가 낮아진다.

과학 창의성

06 [예시답안]

- 실내 온도를 높인다.
- 공기를 잘 통하게 한다.
- 제습기를 사용해 실내를 건조하게 한다.
- 선풍기를 틀어 바람이 불게 한다.
- 빨래 주변에 신문지를 구겨 놓는다.
- 빨래를 널기 전 빨래의 물을 최대한 짜낸다.
- 빨래를 넓게 펴서 펼쳐둔다.
- 빨래와 빨래 간격을 넓게 한다.
- 헤어드라이기로 말린다.

[해설]

젖은 빨래가 마르는 이유는 물이 증발하기 때문이다. 증발이란 액체 표면에서 액체 상태의 알갱이가 기체 상태로 변하는 현상으로 온도와 상관없이 일어나며, 온도가 높을수록, 주변이 건조할수록, 바람이 불수록, 표면적이 넓을수록 증발이 잘 일어난다.

융합 사고력

07 (1) [모범답안]

온도를 낮추는 대신 압력을 대기압의 1만 배 이상으로 높여 얼음을 만든다.

[해설]

대기압이란 공기의 무게에 의해 생기는 압력으로 보통 지구상의 모든 물체는 1기압의 압력을 받는다. 물은 1기압일 때 0 ℃에서 얼음으로 상태가 변하므로, 우리는 물이 0 ℃나 0 ℃보다 낮은 온도에서 언다고 생각한다. 하지만 물이 얼음이 되는 현상은 온도뿐만 아니라 압력에도 영향을 받기 때문에 인위적으로 압력을 높이면 얼음을 만들수 있다.

국내 연구팀은 초당 대기압의 500만 배까지 압력을 가할 수 있는 '실시간 동적 다이아몬드 앤빌셀(anvil cell)' 장치를 개발하여 상온에서 고압으로 얼음을 만들었다. 상온에서 물을 압축해 고압 얼음을 형성하고, 압력을 조절해 3차원 팔면체 얼음을 2차원 날개 모양으로 변화시켰다. 이 기술은 초고압 환경을 구현하는 다이아몬드 앤빌셀에 구동제어, 입자 진동 측정기술 등을 동기화해 물질의 압력, 부피, 영상, 입자 구조 정보까지 동시에 측정할 수 있는 독자적인 기술이다.

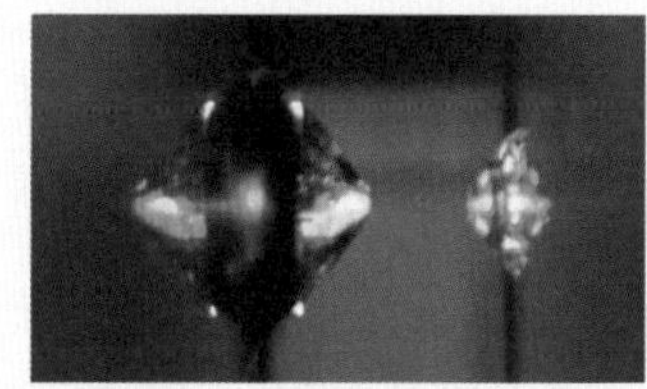
▲ 다이아몬드 앤빌셀로 변화시킨 얼음

(2) [예시답안]

- 고압 냉동기술은 얼음 결정의 모양을 인위적으로 조절할 수 있으므로, 원하는 모양의 얼음 결정을 만들어 예술 작품으로 활용한다.
- 깊은 바다나 다른 행성 등 압력이 높은 환경에서 물이나 얼음의 형태를 예측하는 연구를 할 수 있다.
- 과일이나 채소 등 자연 식품을 고압 냉동 기술로 얼려 식품이 손상되는 것을 막는다.
- 냉동 난자, 냉동 정자 등을 얼릴 때 활용하면 세포 손상을 줄일 수 있다.

[해설]

고압 냉동 기술을 활용하면 식품 맛과 신선도를 유지하는 새로운 형태의 얼음 결정과 냉동 공정을 만들 수 있다. 다양한 얼음 결정 구조에 활용할 수 있는 만큼 바이오 · 항공우주 등 응용 분야는 무궁무진하고, 마리아나 해구 같은 고압 저온 심해나 화성 등 극한 환경에서 물과 얼음 형태를 예측할 수 있는 수단이 될 수도 있다.

7강 그림자와 거울

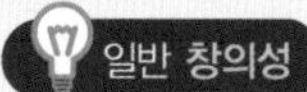

일반 창의성

01 [예시답안]

- 빛을 반사한다.
- 빛을 받으면 반짝인다.
- 빛을 반사하여 다른 물체를 비춘다.
- 뿌옇게 흐려지면 다른 물체를 비추지 못한다.
- 만져보면 차가운 느낌이 든다.
- 살아 있는 생물이 아니다.
- 화장실에서 볼 수 있다.
- 알갱이로 이루어져 있다.
- 온도가 0 ℃보다 낮은 온도에서는 고체이다.
- 우리가 일상생활에서 매일 사용한다.

과학 사고력

02 [모범답안]

구멍을 통해 빛이 보이지 않는다. 공기 중에서 빛은 곧게 나아가는 데 구멍이 어긋나면 빛이 구멍을 통과하지 못하기 때문이다.

[해설]

빛이 곧게 나아가는 성질을 빛의 직진이라고 한다. 등대의 불빛, 구름 사이로 보이는 햇빛, 레이저쇼 등에서 빛이 곧게 나아가는 것을 확인할 수 있다.

03 [예시답안]

인삼은 강한 빛을 받으면 잘 자라지 않으므로 햇빛을 가리기 위해 검은 천을 씌운다.

[해설]

인삼은 햇빛을 직접 쐬어주면 말라 죽기 때문에 검은색 천을 덮어 햇빛을 가려주어야 한다.

04 [모범답안]

(가)	(나)	(다)

• 알 수 있는 점 : 물체가 놓인 방향과 빛의 방향에 따라 그림자의 모양이 달라진다.

[해설]

물체가 빛을 가려서 그 물체의 뒷면에 드리워지는 검은 그늘을 그림자라고 한다. 그림자가 생기기 위해서는 빛과 물체가 있어야 하며, 직진하는 빛이 물체에 가려서 물체의 뒷면에 빛이 도달하지 못하면 그림자가 생긴다. 불투명한 물체는 빛을 거의 통과시키지 못하므로 그림자의 색깔이 진하고 선명하며, 그림자의 관찰이 매우 쉽지만, 투명한 물체는 빛을 거의 통과시키므로 그림자의 색이 진하지 않고 연하며 그림자를 관찰하기 어렵다.

05 [예시답안]

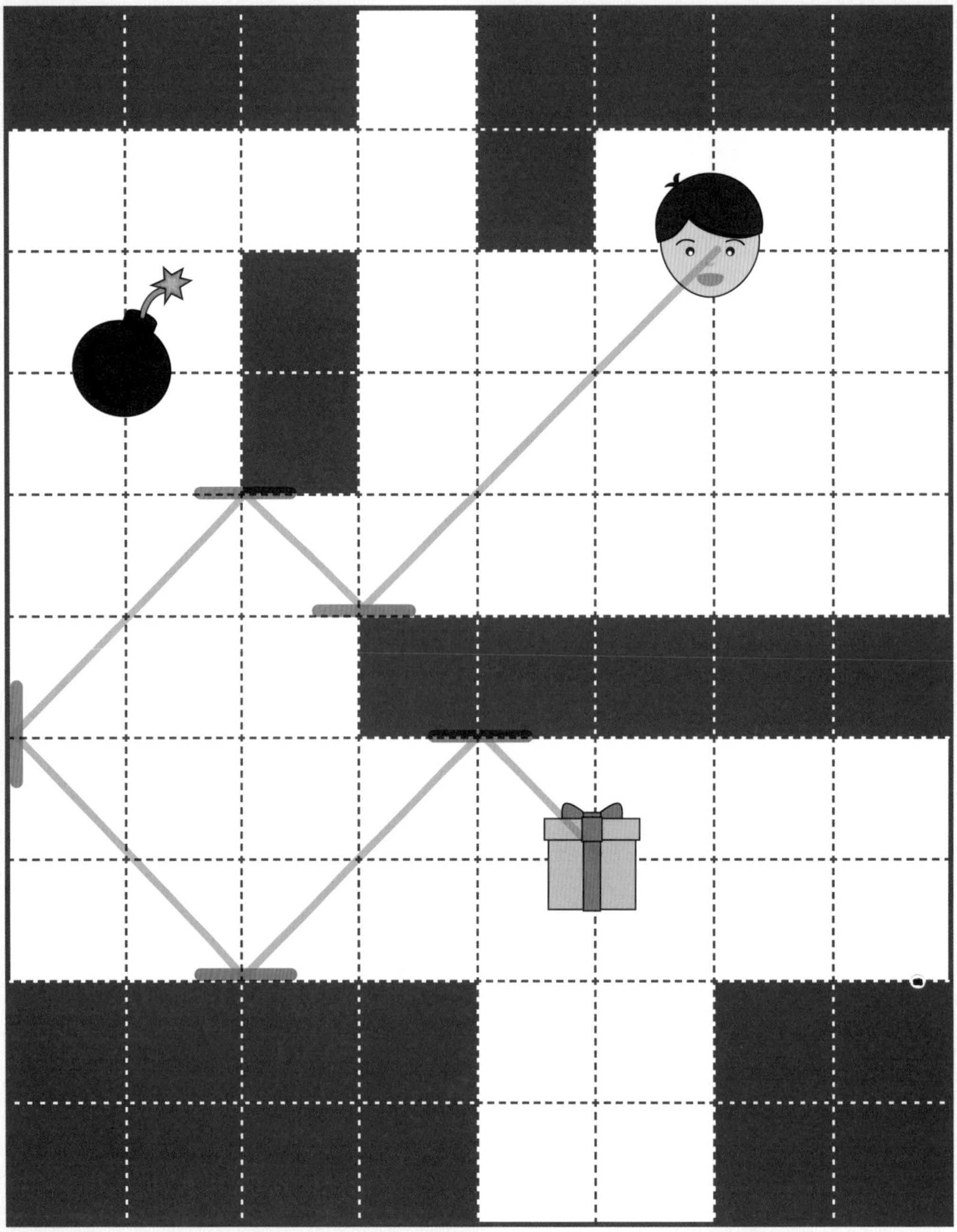

[해설]

거울 면에 빛이 도달하면 거울에서 반사되어 되돌아 나온다. 이때 들어오는 빛과 나아가는 빛이 거울 면에 수직인 선(법선)과 이루는 각은 항상 같다.

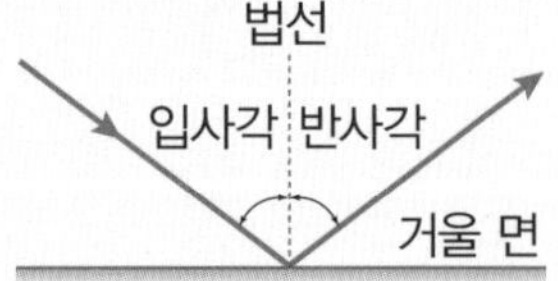

과학 창의성

06 [예시답안]

- 손전등을 물체에 붙여서 비춘다.
- 물체의 바로 위에서 빛을 비춘다.
- 여러 개의 손전등을 사용하여 물체 주변에서 원 모양으로 비춘다.
- 물체 주변에 원 모양으로 작은 거울을 여러 개 두고 빛을 비춘다.

[해설]

그림자는 물체가 직진하는 빛이 지나가는 길을 막아 빛이 도달하지 못한 부분에 생긴다. 손전등을 물체에 붙여서 비추면 빛이 차단되어 그림자가 생기지 않고, 물체의 바로 위에서 빛을 비추면 물체의 바닥면에 그림자가 생겨 보이지 않는다. 여러 개의 손전등으로 물체 주변에서 원 모양으로 빛을 비추거나, 물체 주변에 원 모양으로 작은 거울을 여러 개 두고 빛을 비추면 빛이 도달하지 않는 부분이 생기지 않으므로 그림자가 생기지 않는다.

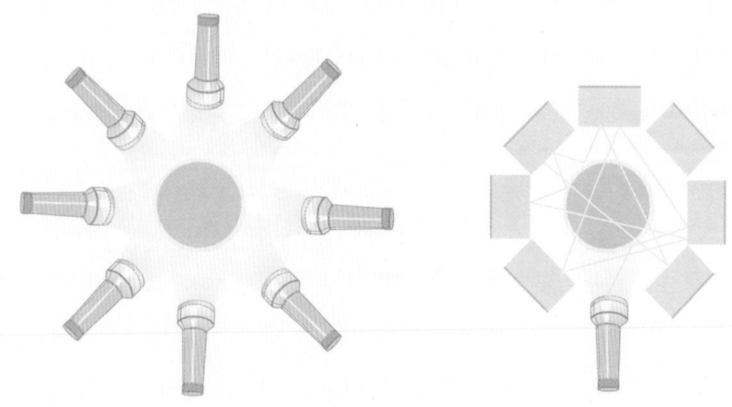

07 (1) [모범답안]

- 보이지 않는 곳의 물체를 재현할 수 있다.
- 거울을 설치하면 모든 방향에서 보이지 않는 물체를 재현할 수 있다.

[해설]

잠망경 카메라는 잠망경과 컴퓨터 분석 기능을 추가해 벽에 비친 그림자를 분석해 숨겨진 물체의 모습을 재현할 수 있다. 하얀 벽 앞에 디지털카메라를 설치하고 하얀 벽을 마주 보도록 모니터를 배치하면 하얀 벽은 잠망경의 거울 기능을 한다. 모니터에 이미지를 띄우면 하얀 벽에 이미지의 반그림자가 생긴다. 이때 하얀 벽은 이미지의 반그림자를 여러 방향으로 반사하고, 디지털카메라는 하얀 벽에서 반사된 반그림자를 촬영한 후 분석해 이미지를 재현한다. 디지털카메라는 모니터가 어디에 있는지는 모르지만 하얀 벽에 생긴 반그림자를 이용해 물체의 위치를 추측하고 반그림자을 분석해 물체를 모습을 재현한다. 분석을 반복할수록 정확도는 높아진다.

(2) [예시답안]

- 자율주행 자동차가 교차로 및 주차를 할 때 사각 지대를 파악할 수 있다.
- 자율주행 자동차가 골목 모퉁이 뒤의 아이의 움직임을 감지하고 있다가 충돌 가능성이 높아지면 바로 멈출 수 있도록 한다.
- 사고로 무너진 건물 잔해에서 생존자를 찾는 데 이용한다.
- 인질 구출 작전에 이용한다.
- 스마트폰 카메라에 잠망경을 결합하면 스마트폰의 두께를 두껍게 하지 않고 렌즈를 더 추가하여 촬영 범위와 화소를 확대한다.
- CCTV에 그림자 분석 프로그램이 적용된 잠망경 기능을 추가하여 광범위한 영역으로 사건을 해결하는 데 활용한다.
- 스마트폰과 블루투스로 연결한 소형 잠망경 카메라를 주머니에 넣으면 예측이 불가능한 아이들의 행동을 빨리 파악하여 보호하는 데 활용한다.
- 정찰용 드론 카메라에 그림자 분석 프로그램이 적용된 잠망경 기능을 추가하면 광범위한 영역으로 탐색할 수 있어 사각지대 없이 정찰할 수 있다.
- 의료 촬영 장비, 각종 재난감시 촬영 장비 등으로 활용한다.

[해설]

그림자 분석이 가능한 잠망경을 개발한 연구진은 아이들이 주의가 산만한 만큼 거리나 공원 등에서 어떻게 행동할지 예측이 불가능해 부모나 교사들이 애를 먹고 있는 것을 안타깝게 생각해으며 어린아이들을 보호하기 위해 새로운 개념의 카메라의 필요성을 느껴 "누구나 호주머니에 넣고 다닐 수 있을 정도의 소형 잠망경 카메라를 만들어 냈다"며, 잠망경 카메라의 보급 가능성을 높이 평가했다. 특수 거울 기능을 확대할 경우 전후좌우를 모두 볼 수 있고, 이 잠망경 카메라를 현미경, 의료영상 장비, 각종 재난감시를 위한 촬영 장비 등 다양한 용도에서 사용할 수 있다.

8강 화산과 지진

일반 창의성

01 [예시답안]

(1)

백두산	관광	용암
화산재	화산	폼페이
분화구	현무암	온천

(2)

해일	지층	재난
규모	지진	지진계
단층	내진설계	지진대

[해설]

- 화산과 관련있는 단어 : 한라산, 울릉도, 독도, 제주도, 백록담, 천지, 하와이, 화강암 등
- 지진과 관련있는 단어 : 경주, 포항, 여진, 본진, 진도 등

02 [모범답안]

구분	차이점	이유
표면	(가)는 표면에 구멍이 없고, (나)는 표면에 구멍이 있다.	(나)가 만들어질 때 지표로 분출된 마그마가 빨리 식어 마그마에 있던 기체가 빠져나가지 못하면 기체가 갇혀 있던 곳에 크고 작은 구멍이 생긴다.
알갱이의 크기	(가)는 눈으로 구별할 수 있을 정도로 알갱이가 크고, (나)는 맨눈으로 구별하기 어려울 정도로 알갱이가 작다.	(가)는 마그마가 땅속 깊은 곳에서 서서히 식어 알갱이가 크고, (나)는 땅 위나 지표 가까운 곳에서 빨리 식어 알갱이가 작다.
색깔	(가)는 전체적으로 밝은색이고, (나)는 전체적으로 어두운색이다.	(가)와 (나) 암석을 구성하는 성분이 다르기 때문이다.

[해설]

(가)는 화강암, (나)는 현무암이다. 화강암과 현무암은 모두 화산과 마그마의 활동으로 만들어졌지만, 화강암은 마그마가 땅속 깊은 곳에서 서서히 식어 알갱이의 크기가 크고 구멍이 없다. 현무암은 마그마가 땅 위로 분출하거나 지표면 가까운 곳에서 비교적 빨리 식어 알갱이의 크기가 작고 구멍이 있다. 또한, 현무암은 철과 마그네슘의 함유량이 많아 어두운색을 띤다.

과학 사고력

03 [모범답안]

㉠ 양쪽에서 누르는 힘이 작용하여 지층이 휘어진다.
㉡ 양쪽에서 누르는 힘이 더 세게 작용하여 지층이 끊어진다.

[해설]

지층이 지구 내부의 힘을 받아 휘어진 것을 습곡, 끊어진 것을 단층이라고 하며, 지구 내부의 힘에 의해 땅속에서 지층이 휘어지다가 끊어지면서 땅이 흔들리는 현상을 지진이라고 한다.

과학 사고력

04 [모범답안]

지진이 발생했을 때 진동의 반대 방향으로 건물을 움직여 충격을 줄여준다.

[해설]

내진설계란 지진이 발생했을 때 진동에 의한 건물의 손상을 줄이기 위해 건물의 강도와 유연성을 키우는 설계 방식이다. 건물을 지을 때 벽과 기둥을 튼튼하게 하는 것 외에 이미 지어진 건물의 내부와 외부에 별도의 장치를 설치하여 지진이 일어났을 때 진동을 흡수해 건물에 직접적인 영향을 덜 받게 할 수 있다.

05 [예시답안]

- 산꼭대기에 분화구가 있는지 확인한다.
- 산 주변에 용암이 흐르면서 변화된 지형이 있는지 확인한다.
- 산 주변에 현무암이 있는지 확인한다.
- 산 주변에서 지진이 발생하는지 확인한다.
- 산 주변에 온천이 있는지 확인한다.
- 산 주변에 지열발전소가 있는지 확인한다.
- 대부분의 화산은 산맥을 이루지 않으므로 화산 주변에 산맥이 있는지 확인한다.

[해설]

화산은 땅속 깊은 곳에서 암석이 높은 열에 의해 녹아 생성된 마그마가 분출하여 생긴 지형으로, 대부분 꼭대기에 분화구가 있다. 분화구에 물이 고여 호수나 웅덩이가 생기기도 한다.

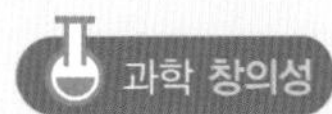

06 [예시답안]

- 화산 주변에 온천을 개발한다.
- 제주도의 용두암처럼 화산 활동으로 만들어진 특이한 지형을 관광지로 활용한다.
- 맷돌처럼 화산 활동으로 생긴 암석으로 생활용품을 만든다.
- 돌하르방처럼 화산 활동으로 생긴 암석으로 관광 상품을 만든다.
- 화산 근처의 비옥한 토양에서 올리브, 오렌지, 쌀농사를 짓는다.
- 땅속의 금속 성분이 올라오는 곳이므로 광산으로 개발할 수 있다.
- 지열 발전에 활용하거나 온수를 이용한다.

[해설]

화산재에는 식물이 자랄 때 필요한 많은 양의 각종 영양분이 포함되어 있다. 화산재가 오랜 시간이 지나 풍화되면, 토양을 비옥하게 만든다. 폼페이의 베수비오 화산 밑에서 올리브와 오렌지를 기르고, 필리핀이나 인도네시아 화산 근처에는 쌀농사를 짓는다.

융합 사고력

07 (1) [모범답안]

지하로 물을 내려보내 지열로 만들어진 수증기로 터빈을 돌려 전기를 생산한다.

[해설]

포항 흥해읍 남송리에 있는 지열발전소는 지하 4 km 지점에 물을 주입하고 지열을 통해 뜨거워진 물에서 나온 수증기로 터빈을 돌려 전기를 생산한다. 지열을 이용하기 때문에 유지비용이 저렴한 장점이 있지만, 물을 넣고 빼내는 과정에서 지반이 약해지고 단층이 자극을 받아 포항지진을 유발했다는 게 전문가들의 견해로, 현재는 가동이 중단됐다.

(2) [예시답안]

- 초기 설치비가 많이 든다.
- 발전소가 위치할 적당한 장소를 찾기 어렵다.
- 충분한 지열에너지를 얻기 위해 지하 깊은 곳까지 파야 하기 때문에 기술적인 어려움이 있다.
- 지하로부터 수증기나 뜨거운 물을 끌어 올릴 때 땅속 깊은 곳에 있던 유해 성분이 대기 중으로 나올 수 있다.

[해설]

지열발전은 지열에너지를 이용하여 전기를 생산하는 것이다. 지열에너지는 지구의 중심부터 지구 표면까지 전달되며, 그러는 동안 서서히 온도가 낮아진다. 우리 주변에서 가장 쉽게 생각할 수 있는 예가 바로 온천으로 화산이나 온천 주변은 다른 지역보다 지열에너지가 많다. 포항 흥해읍 남송리 지열발전소는 우리나라 최초의 지열발전소였다. 화산 지대도 아닌 곳에 지열발전소가 건립되는 것은 우리나라 뿐 아니라 아시아에서도 처음이며, 전세계적으로는 프랑스와 독일에 이어 세 번째였다. 국내 다른 지역에서는 지하로 1 km 내려갈 때마다 온도가 25 ℃씩 증가하는데, 포항 지역에서는 1 km마다 35 ℃씩 증가했으며, 그 이유는 열을 잘 발산하지 않는 성분으로 이루어진 암석층 때문이라고 추정하고 있다. 완공된 지열발전소는 포항지진 이후 포항지진을 유발한 원인으로 지목되어 폐쇄되었다. 포항지진 연구단에 따르면 지하로 물을 주입하기 위한 지열정(井, 땅 구멍)을 뚫을 때 마찰력을 줄이기 위해 넣는 일종의 흙탕물인 '이수'가 완전히 제거되지 않은 채 누출됐고 이후 지열정에 주입된 고압의 물이 암석 틈새로 들어가 압력(공극압)을 높이면서 기존에 알려지지 않았던 단층을 자극한 것이 포항지진의 원인이며, 지열발전을 위해 주입한 물이 미지의 단층을 자극해 발생한 것이기 때문에 자연 지진이라고 할 수 없다고 밝혔다.

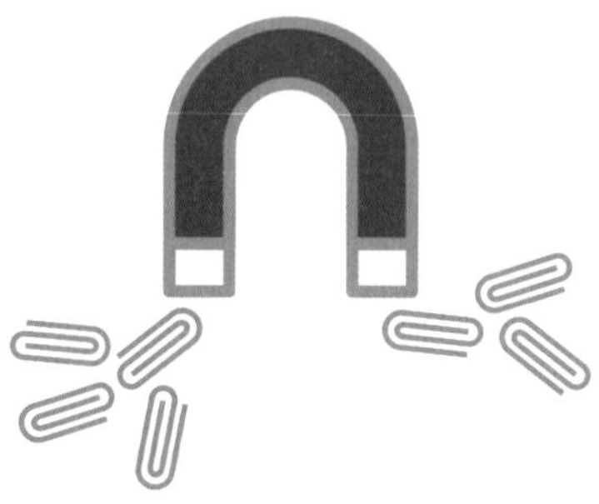

정답 및 해설

영재성검사·창의적 문제해결력 평가 대비
안쌤의
맛있는
영재 과학
초등 3

영재성검사·창의적 문제해결력 평가 대비
안쌤의
맛있는
영재 수학
초등 3

영재성검사·창의적 문제해결력 평가 대비
안쌤의
맛있는
영재
모의고사
초등 3

영재성검사·창의적 문제해결력 평가 대비
안쌤의
맛있는
영재 과학
초등 4

영재성검사·창의적 문제해결력 평가 대비
안쌤의
맛있는
영재 수학
초등 4

영재성검사·창의적 문제해결력 평가 대비
안쌤의
맛있는
영재
모의고사
초등 4

안쌤의
맛있는

영재 시리즈 구성

영재성검사·창의적 문제해결력 평가 대비
안쌤의
맛있는
영재 과학
초등 5

영재성검사·창의적 문제해결력 평가 대비
안쌤의
맛있는
영재 수학
초등 5

영재성검사·창의적 문제해결력 평가 대비
안쌤의
맛있는
영재
모의고사
초등 5

영재성검사·창의적 문제해결력 평가 대비
안쌤의
맛있는
영재 과학
초등 6

영재성검사·창의적 문제해결력 평가 대비
안쌤의
맛있는
영재 수학
초등 6

영재성검사·창의적 문제해결력 평가 대비
안쌤의
맛있는
영재
모의고사
초등 6

창의와 사고

펴낸곳 ㈜ 창의와 사고 **펴낸이** 김명현
지은이 안쌤 영재교육연구소(안재범, 최은화, 유나영, 이상호, 추진희, 오아린, 허재이, 이민숙, 이나연, 김혜진)
주소 서울시 성동구 아차산로 17길 48 성수 SK V1센터 1동 714호
연락처 02-6124-3478 **쉽고 빠른 카카오톡 실시간 상담 ID** 안쌤영재교육연구소
안쌤 영재교육연구소 네이버 카페 http://cafe.naver.com/xmrahrrhrhghkr

안쌤의 경시사고력 초등 수학 시리즈

교내 · 외 경시대회, 창의사고력 대회, 영재교육원에서
자주 출제되는 경시사고력 유형을
대수, 문제해결력, 기하 + 조합 영역으로 분류하고
초등학생들의 수학 사고력을 기를 수 있는
신개념 초등 수학경시 기본서입니다.